物理百科全书

冯化平

— 编著 —

上海科学技术文献出版社
Shanghai Scientific and Technological Literature Press

图书在版编目（CIP）数据

物理百科全书 / 冯化平编著. — 上海：上海科学
技术文献出版社，2024.
—ISBN 978-7-5439-9195-8

Ⅰ．O4-49

中国国家版本馆 CIP 数据核字第 2024LF8905 号

责任编辑：王　珺　黄婉清
封面设计：留白文化

物理百科全书
WULI BAIKEQUANSHU
冯化平　编著
出版发行：上海科学技术文献出版社
地　　址：上海市淮海中路 1329 号 4 楼
邮政编码：200031
经　　销：全国新华书店
印　　刷：四川省南方印务有限公司
开　　本：850mm×1168mm　1/16
印　　张：15
字　　数：300 000
版　　次：2025 年 1 月第 1 版　2025 年 1 月第 1 次印刷
书　　号：ISBN 978-7-5439-9195-8
定　　价：98.00 元
http://www.sstlp.com

前言 *Preface*

我们在小时候，都喜欢拿着一面小镜子，把太阳光反射进屋子里。那明晃晃的光影，随着我们的小手摇摆着、跳跃着，我们的眼睛也随着圆圆的光影像星星一样闪烁着、闪烁着……我们幼小的心灵也被那一圈圈光影照亮着、照亮着……

长大了，我们学习了物理，才知道一个简单的玻璃反射光影，就包含了多少物理知识啊！物理可真是一个高超魔术师，随时都有见证神奇的时刻呢！物理对我们都充满了无限诱惑啊！

物理学主要研究各种物质的一般运动规律和基本结构形态，是自然科学的领头学科，是其他各门自然科学的研究基础。通俗地说，物理学研究大自然规律知识，探索并分析大自然所发生的一切现象，认识其中蕴藏的奥秘和一般规律。同时希望利用这些规则来解释大自然发生的任何事情。

我们试图理解自然世界，试图改变自然万物，让天地万物、大千世界造福于人类，使我们成为自然的主人，不断推进人类文明向前发展。这是物理学，甚至是所有自然科学共同追求的目标。

物理学的大发展源于近代科学奠基人伽利略和牛顿的年代，现在已经成为具有众多分支的基础科学，为其他学科的发展奠定了理论和物质基础。物理学每个大的革新都为其他学科发展构建了新的技术平台，特别是带来了三次产业革命，直接导致了信息、材料、农业、军事以及生命科学等学科的大发展。

物理学极大地推动了现代科学发展。今天，我们享用科学研究所带来的前所未有的成果，然而这一切都离不开物理学的贡献。物理学正以它特有的魅力，影响和推动着其他学科乃至社会的飞速发展，并且日益展现出强大的基础科学的功能。

当今世界处于科学技术爆发和革命的时期，谁掌握了面向未来的科学教育，谁就能够在未来国际竞争中处于主动地位。少年儿童是国家的未来，科学的希望，担当着科技兴国和中华民族伟大复兴的历史重任。因此，要把科技教育作为一项重要的工作，从广大少年儿童抓起，才能为培养未来的科技人才打下坚实的基础。

物理学是少年儿童的必学课程，因为物理学很多知识都能够应用到生活中，这样会让少年儿童产生学习乐趣，感受到学习有所收获。物理还利于培养思维能力、空间想象力、联想能力、物理模型运用能力以及动手动脑能力和验证能力等多种能力，这些能力也能够推动他们学好其他各门学科。

为此，我们特别编辑了本书。本书主要包括机械运动、声学、光学、热学、电磁学和力学等内容，具有很强的知识性、基础性和前沿性，非常适合广大少年儿童读者阅读。

本书内容深入浅出，通俗易懂，图文并茂，形象生动，还有专栏设置、版块呈现、知识链接、碎片阅读，是指导广大少年儿童读者学习物理的良师益友，也是指导父母、教师对少年儿童进行物理学习兴趣培养的优秀读本。

目 录 *Contents*

热学

电磁学

力学

机械运动

机械运动是自然界中最简单、最基本的运动形态。在物理学里，一个物体相对于另一个物体的位置，或者一个物体的某些部分相对于其他部分的位置，随着时间而变化的过程叫作机械运动。

运动概念

我们在一个不停运动的世界里生活着，漂浮的云，飞翔的鸟，快速驶过的列车，来来往往的人们等等。我们要怎样描述这些运动，怎样测量运动的快慢呢？让我们走进物理运动世界吧！

质点概念

当物体大小和形状不起作用时，或者所起作用并不显著，那么就可以忽略不计了。我们这时只能近似地认为该物体只具有质量，认为这样的物体是理想的，并把用来代替该物体的具有质量的点称为质点。

质点运动

任何物体都可以分割为许多质点，物体的各种复杂运动可以看成许多质点运动的组合。因此，研究一个质点的运动是掌握各种物体形形色色运动的入门知识。

夜晚天上挂满了亮闪闪的星星，远远望去像是一个个小圆点，质点就像你看见的星星哦！

质点大小

由于质点没有大小可言，作用在质点上的许多外力可以合成为一个力。另一方面，研究质点的运动时其实可以不考虑它的自旋运动。

质点研究

质点是研究物体运动的最简单、最基本的对象，是一个理想的模型，而实际上质点并不存在。能不能将物体看成质点，要看研究问题的性质，而与物体本身无关。

质点转动

在理想条件下，物体上所有点的运动情况都相同时，可以把它看作一个质点；物体的大小和形状对研究问题的影响很小时，可以把它看作一个质点；转动的物体，只要不研究其转动且符合前一条的情况时，也可看成是质点。

地球也是质点

当研究地球环绕太阳运动时，就可以将地球看作质点，此时地球的大小形状对所考虑的问题没有明显影响。而在研究地球与其卫星时，就不能把地球看作质点了，因为此时地球的大小形状对于所研究的问题影响十分明显。

位移

位移一般是指由初始位置到末端位置的具有方向的线段。其大小与路径无关，只是方向由起点指向终点。因此，我们常常用位移表示物体(质点)的位置变化。

如果你从家中出发，绕地球一圈再回到家中，那么你的位移也是0，你就是白跑呢！

位移位置

位移只与物体运动的始末位置有关，而与运动的轨迹无关。如果质点在运动过程中经过一段时间后又回到原处，那么，位移则为零。

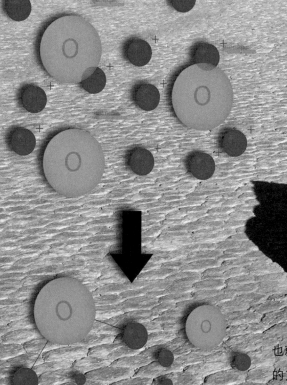

位移方向

位移方向与速度方向没有直接关系，只有在没有返回，也就是向着一个方向运动的直线运动中，位移的方向与速度的方向一定相同。除此之外，位移方向与速度方向可能相同，也可能不同。

质点从空间的一个位置运动到另一个位置，运动轨迹的长度叫作质点在这一运动过程所通过的路程。路程是标量，是没有方向的量。

我和位移有很大区别，你在操场上面跑一圈回到原点，位移是0，而路程是你环绕操场一圈的长度呢！

路程长度

在直线运动中，路程是直线轨迹的长度。在曲线运动中，路程是曲线轨迹的长度。当物体在运动过程中经过一段时间后回到原处，路程不为零。

路程与位移

路程与位移是两个不同性质的物理量，位移是矢量，既有大小又有方向。但是路程是标量，也就是没有方向而只有大小的物理量。

参照物

  参照物又称参照系，指研究物体运动时所选定的参照物体，或者是彼此不做相对运动的物体系。根据牛顿力学定律在参考系中是否成立的原理，可把参考系分为惯性系和非惯性系两类。

参考坐标系

  参考体是用来确定物体位置，以及描述它机械运动而选作标准的另一个物体。为了用数值表达一个物体的位置，可在参考体上设置坐标系，称为参考坐标系。

参考系的表现形式

参考系和参考坐标系都可以任意选择，但是同一个运动在不同参考系中的表现形式是不同的。当火箭从地球表面起飞时，宜用地球做参考体；当航天器成为绕太阳运动的人造行星时，宜用太阳做参考体。

比如，当你坐在向前运动的火车里时，如果以火车作为参考系，你就是静止的。如果以路面作为参考系，你就是运动的呢！

参考坐标系的联系

一切力学现象只能相对于所选定的参考系进行观察、描述和研究。在同一个参考系上，可以具有不同的参考坐标系，它们对于同一个物体位置坐标的值虽然不同，但有确定的几何关系相联系。

参考系的选择

参考系的选择应该以观察方便和使运动描述尽可能简单作为原则，因此研究地面上物体的运动常常选择地面作为参考系。对于一般的情况，参考系就是地面。

选择参考系

当我们在选择参考系的时候，一般要事先假定参考系不动，同时要明白参考系的选取可以是任意的，选择不同的参考系，结果会有所不同，研究比较多个不同物体时应选择同一个参考系。

惯性系

对于惯性定律成立的参考系，简称惯性系。在惯性系中，当不受外力时，一切物体与参考系总是保持匀速直线运动状态或者相对静止状态。

惯性参考系

一个参考系，如果自由质点在其中做非加速运动，就称为惯性参考系或者伽利略参考系，所有相互做非加速运动而无转动的参考系都是惯性参考系。

如果我一会儿运动得很快，一会儿运动得很慢，那我可不是惯性参考系呢！

惯性系的判断

判断一个特定参考系是不是惯性系，取决于能以多大的精确度去测出这个参考系的微小加速度效应。在地面上的一般工程动力学中，由于地球的自转角速度较小，地面上某一点的向心加速度很小，可以选择与地球固连的坐标系作为惯性参考系。

非惯性参考系

相对惯性参考系做加速运动或者转动的参考系，简称非惯性系。相对惯性系以不变的加速度a在运动的非惯性系，称为加速运动参考系。

加速运动参考系

在加速运动参考系中，静止的物体必有力 $F=ma$ 作用着。在引力场中，物体都受引力作用，因此对引力场中惯性系静止的物体也受引力作用。

转动参考系

相对惯性参考系转动的参考系称为转动参考系。假定惯性系静止，那么与转动参考系固连的刚体运动（三维空间中物体作旋转、平移的运动），就是转动参考系对惯性系的运动。

时刻

时刻是指某一瞬间，在时间轴上一般用点表示，对应的是位置、速度、动量等状态量。需要注意的是，时刻既没有大小，也没有方向，因为时刻不是量，只是时间中的一个点。

虽然我们都姓时，但是我们代表的意义完全不同，你可不要把我们弄混了哦！

时间

时间是两时刻间的一段距离，是时间轴上的一段，如1s内、2s内、3s内。时刻用时间轴上的一个点表示，比如1s末、2s末、3s末。

速度概念

　　物理学中用速度来表示物体运动的快慢和方向。速度在数值上等于物体运动的位移跟发生这段位移所用时间的比值，计算公式为$v=\Delta s/\Delta t$，"Δ"为变化量的意思。

你只有将我们每一个都牢牢记住，才能掌握住机械运动的要领哦！

速度含义

　　速度表示动点在某瞬时运动快慢和运动方向的矢量。在最简单的匀速直线运动中，速度的大小等于单位时间内经过的路程。速度的常用单位有：厘米/秒，米/秒，千米/小时等。

平均速度

　　动点做一般空间运动时，位移和所用时间的比，称为Δt时间内的平均速度。平均速度的方向就是位移的方向。当时间间隔Δt趋于零时，平均速度的极限称为动点在t时的瞬时速度，简称速度。

速率

　　速率通常是指瞬时速度的大小，是标量。瞬时速度的数值大小叫作瞬时速率。但是平均速率不是平均速度的大小，而是路程与时间的比值。

加速度

　　加速度是速度变化量与发生这一变化所用时间的比值Δv/Δt，它是描述物体速度变化快慢的物理量，通常用a表示，单位是m/s^2。

加速度大小及方向

加速度是矢量，它的方向是物体速度变化（量）的方向，与合外力的方向相同。加速度的大小等于单位时间内速度的改变量。一般在直线运动中，如果加速度的方向与速度相同，那么速度增加；如果加速度的方向与速度相反，那么速度减小。

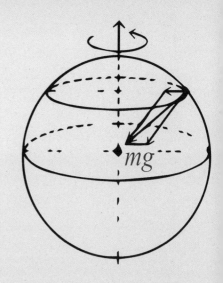

重力加速度

地球表面附近的物体因为受重力产生的加速度叫作重力加速度，也叫自由落体加速度，用g表示。重力加速度g的方向总是竖直向下的。

利用我打出的点，可以通过计算连续相等时间内的位移之差与时间的平方的比值得到重力加速度g哦！

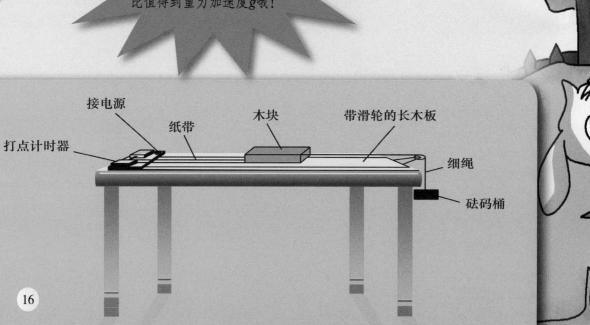

接电源
纸带
木块
带滑轮的长木板
打点计时器
细绳
砝码桶

影响重力加速度的因素

　　在同一地区的同一高度，任何物体的重力加速度都是相同的。重力加速度的数值随海拔高度增大而减小。当物体距地面高度远远小于地球半径时，g 变化不大。而离地面高度较大时，重力加速度 g 数值显著减小。

重力加速度的变大

　　距离地面同一高度的重力加速度，也会随着纬度的升高而变大。物体所处的地理位置纬度越高，重力越大，重力加速度也变大。地球南北两极处的圆周运动轨道半径为 0，此时的重力加速度达到最大。

重力加速度标准值

由于重力加速度g随纬度变化不大，因此国际上将在纬度45°的海平面精确测得物体的重力加速度$g=9.80665m/s^2$，作为重力加速度的标准值。

我的大小会随着海拔和纬度的变化不断改变，不要以为我只是个固定值哦！

加速度和速度的联系

物体运动时，如果加速度不为零，则处于变速状态。如果加速度大于零，则为加速，即加速度和速度方向相同；如果加速度小于零，则为减速，即速度和加速度方向相反。

曲线运动

在加速度保持不变的时候，物体也有可能做曲线运动。比如，当你把一个物体沿水平方向用力抛出时，你会发现，这个物体离开桌面以后，在空中划过一条曲线，落在了地上。

线加速度

线加速度是指物体质心沿其运动轨迹方向的加速度，它是描述物体在空间运动本质的基本量。一般可以通过测量加速度来测量物体的运动状态。

阅读大视野

地壳运动就是由于地球内部原因引起的组成地球物质的机械运动。它可以引起岩石圈的演变，促使大陆、洋底的增生和消亡，还会导致出现地震、火山爆发。

匀速直线运动

匀速直线运动是最简单的机械运动，是指运动快慢不变，也就是速度不变、沿着直线的运动。在匀速直线运动中，路程与时间成正比。

匀速直线运动概念

匀速直线运动是指物体在一条直线上运动，且在任意相等的时间间隔内的位移相等。不过任意相等时间内位移相等的运动几乎没有，因此我们可以将适当短的相等的时间内位移相等的运动，近似地看成匀速直线运动。

你一定坐过商场的电梯的！在电梯里的时候我们的运动就是相等时间内位移相等的运动哦！

匀速直线运动条件

匀速直线运动不常见，因为物体做匀速直线运动的条件是不受外力或者所受的外力和为零，但是我们可以把一些运动近似地看成是匀速直线运动。

速度

做匀速直线运动的物体，在不同的位移或时间段中，位移与时间的比值是一个定值，这个定值就是该运动的速度。速度的大小直接反映了物体运动的快慢。

匀速直线运动特点

匀速直线运动的特点是瞬时速度的大小和方向都保持不变，加速度为零，是一种理想化的运动。

速度恒定

做匀速直线运动的物体的速度是保持不变的，因此，如果知道了某一时刻或者某一段距离的运动速度，就知道了它在任意时间段内或者任意运动点上的速度。

如果速度大小改变或者运动方向改变，那么就不是匀速直线运动了哦！

阅读大视野

匀速直线运动是理想状态下的运动，几乎没有这样的运动，但是我们可以选取较短时间段内物体的运动，比如在一条笔直的公路上面匀速行驶的汽车，运动中的电梯，视为匀速直线运动。

匀变速直线运动

匀变速直线运动是变速运动中最简单的运动形式，它是在任意相等的时间内速度的变化量都相同的直线运动，也就是加速度不变的直线运动。

匀加速直线运动

在直线运动中，如果物体的加速度和速度的方向相同，而且加速度的大小和方向都不会改变，就可以称之为匀加速直线运动。

匀减速直线运动

在直线运动中，如果物体的加速度和速度的方向相反，而且加速度的大小和方向都不会改变，就可以称之为匀减速直线运动。

加速度不为0的匀加速直线运动

　　另外一种情况是物体开始沿着某一方向做初速度为v的运动，且所受合外力大小不变，方向与物体运动方向相同，那么物体就做初速度为v的匀加速直线运动。

加速度为0的匀加速直线运动

　　物体做匀加速运动有两种情况，一种是物体一开始处于静止状态，物体做加速度为0的匀加速直线运动，也就是匀速直线运动，匀速直线运动是匀加速直线运动的特殊情况。另一种是从某一特定速度开始加速。

　　我是加速度，如果我一直乖乖的，不改变大小和方向，那物体就在做匀变速运动哦！

公式

　　匀变速直线运动位移的公式为：$x=v_0t+\dfrac{1}{2}at^2$。它的物理意义是通过位移的正负表现了位移随时间的变化规律。这里的 x 表示位移，v_0 表示初速度，也就是一开始的速度，a 表示加速度。

正方向

由于位移、初速度和加速度都是矢量，因此需要先规定正方向，然后根据正方向来确定他们的正负值，一般情况下都是以v_0的方向为正方向。

我的每个字母代表的含义都不同，你一定要分清楚，千万不能弄错啊！

公式的运用

当加速度为0的时候，公式就成为：$x=v_0t$，这个时候表示的是匀速直线运动的位移与时间的关系。当初速度为0的时候，公式就成为：$x=\frac{1}{2}at^2$，表示初速度为0的匀加速直线运动的位移与时间的关系。

阅读大视野

伽利略是现代物理学的奠基人，他对加速度等概念进行了详尽的研究并给出了严格的数学表达式，最先定义了什么样的运动是匀变速直线运动。尤其是加速度概念的提出，在力学史上是一个里程碑。

声学

声学是指研究声波的产生、传播、接收和效应的科学。声音是人类最早研究的物理现象之一，声学是物理学中历史最悠久而当前仍在前沿的唯一分支学科。

声音的产生与传播

　　声音是由物体的运动产生的，以声波的形式传播。能够被人耳识别的声，即频率在20赫兹至20000赫兹之间的声，我们称之为声音。

声源

　　声音是由物体的振动产生的，一切发声的物体都在振动。物理学中，将正在发声的物体叫声源。比如正在振动的音叉，鸣笛的汽车，燃放的爆竹等。

介质

　　声音的传播需要介质，固体、液体和气体都可以作为声音传播的介质。而声源不能脱离其周围的弹性介质，否则就不能产生声波，也就不算是声源了。

声音的传播速度

声音在不同介质中的传播速度不同，一般是固体大于液体大于气体，此外，声的传播速度和介质的种类以及介质的温度也有关系。

现在你知道为什么古装电视剧里面的人俯身将耳朵靠近地面能够听见远处的马蹄声了吧！

各种声源

自然界有不少声源，如雷暴、水流、风浪、生物发声等。因为不同原因，人们制造了多种声源，如各种乐器、扬声器、压电和磁致伸缩换能器等。

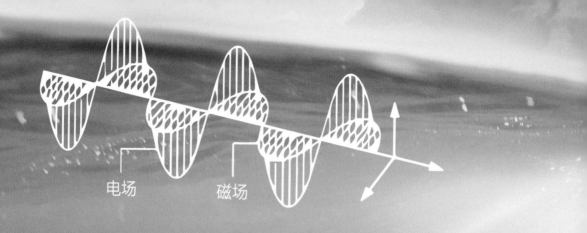

电场　　　　　磁场

频率

　　频率是单位时间内完成周期性变化的次数，是描述周期运动频繁程度的量，常用符号 f 或 v 表示。频率的单位是赫兹，简称"赫"，符号为Hz。

次声波和超声波

　　人耳听觉的频率范围约为20至20000Hz，超出这个范围的就不会被人耳所察觉。低于20Hz为次声波，高于20000Hz为超声波。

音高

　　音高是指各种音调高低不同的声音，即音的高度。它是音基本特征的一种，它的高低和振动频率有关系。通常情况下，频率越高音就越高，频率越低音就越低。

音长

　　音长是指声音的长短，它主要和发音体振动时间的长短有关系。通常情况下，发音体振动的时间越长音就越长，振动的时间越短音就越短。

音强

　　音强是指声音信号中主音调的强弱程度，是判别乐音的基础。音的强弱主要与发音时发音体振动幅度的大小有关，通常情况下，振幅越大音越强，振幅越小音越弱。

阅读大视野

　　20世纪80年代，人们在太平洋发现了一头声音频率有52赫兹的鲸鱼。由于正常鲸鱼的声音频率在15至25赫兹之间，因此世界上几乎没有它的同类能够和它交流，因此它又被称为"世界上最孤独的鲸"。

声音的特性

声音的特性一般会用三个要素进行描述，分别是音色、音调和响度。我们可以根据音色、音调和响度的不同来辨别不同的声音。

音色

音色是指不同声音表现在波形方面总是有与众不同的特性，不同的物体振动都有不同的特点。不同的发声体会因为材料、结构不同，导致音色的不同。

不同的音色

音色是声音的特点。在同一音高和同一声音强度的情况下，我们也能够根据不同的音色，区分出由不同乐器或者人发出的声音。

基音

声音除了有一个"基音"外，还自然而然加上许多不同"频率"与泛音"交织"，使所有能振动的物体都能够发出各有特色的声音，这也决定了音色的不同。

我就像是你们每个人都有的"身份证"一样，一人一证，独一无二哦！

音调

音调即声音高低，与频率直接相关。它是声音三个主要的主观属性之一，表示人的听觉分辨一个声音的调子高低的程度，主要由声音的频率决定，同时也与声音强度有关。

音调的变化

对一定强度的纯音，音调随频率的升降而升降；对一定频率的纯音，低频纯音的音调随声强增加而下降，高频纯音的音调却随强度增加而上升。

发声结构的影响

音调和频率也有关系。物体振动得快，发出声音的音调就高。振动得慢，发出声音的音调就低。音调的高低还与发声体的结构有关，此外，发声体的结构也会影响声音频率，从而影响声音高低。

响度

响度，又称音量，是指声音的强弱。它是感觉判断的声音强弱，也就是声音响亮的程度，根据它可以把声音排成由轻到响的序列。

响度的影响因素

响度的大小取决于音强、音高、音色、音长等条件。如果其他条件相同，元音听起来比辅音响。元音中，开口度大的低元音听起来比开口度小的高元音响；辅音中，浊音比清音响，送气音比不送气音响。

响度感

对微小的声音，只要响度稍有增加人耳就能有所察觉，但是当声音响度增大到某一值后，即使再有较大的增加，人耳的感觉却无明显变化。

阅读大视野

当人的声音强度足够大的时候，甚至能够震碎玻璃。2005年一档电视节目就探讨了这个问题，摇滚歌手兼歌唱教练杰米·温德拉就用自己的声音击碎了一些玻璃器皿，当时他击碎玻璃的咏叹调被记录为105分贝，音量几乎和电钻钻起来差不多。

噪声的危害和控制

声音分为乐音和噪音，噪音是发声体做无规则振动时发出的声音。从环境保护的角度讲：凡是妨碍人们正常休息、学习和工作的声音，以及对人们要听的声音产生干扰的声音，都属于噪音。

噪音的产生

噪音的产生方式有很多，它可以通过振动产生。许多机械设备的本身或某一部分零件是旋转式的，常因组装的损耗或轴承的缺陷而产生异常的振动，进而产生噪音。

噪音的能量

当物体发生冲击时，大量的动能在短时间内要转成振动或噪音的能量，而且频率分布的范围非常的广，例如冲床、压床、锻造设备等，都会产生噪音。

自然频率的影响

　　每个系统都有其自然频率，如果激振的频率范围与自然频率有所重叠，将会产生大振幅的振动噪音。也有的噪音是由于接触面与附着面间的滑移现象产生的。

乱流的影响

　　当空气中有高速流经导管或金属表面时，一般空气在导管中流动碰到阻碍产生乱流或者大而急速的压力改变，都会有噪音的产生。

你沿着道路散步的时候，常常能听见汽车的阵阵轰鸣，这是汽车引擎共振的结果哦！

燃烧导致的噪声

在燃烧过程中可能发生爆炸、排气，以及燃烧时上升气流影响周围空气的扰动，这些现象均会伴随噪音的产生。例如锅炉、熔炼炉、涡轮机等这一类燃烧设备均会产生噪声。

家庭用具导致的噪声

在日常生活中，诸如室内各项家庭用具均会发生声音，如冷气机、音响、抽油烟机、电视、空调设备，这些都可以视为噪声源。

噪声的分类

按照声源的机械特点，噪声污染可以分为：气体扰动产生的噪音、固体振动产生的噪声、液体撞击产生的噪声以及电磁作用产生的电磁噪声。

不同频率的噪声

按照声音的频率，噪音污染可以分为：小于400Hz的低频噪声，在400到1000Hz之间的中频噪声，以及大于1000Hz的高频噪声。

我的身上披着很多马甲，你以为你发现了我的真实身份，其实我藏得可严实了呢！

不同时间变化的噪声

按照时间变化的属性，噪声污染可以分为：稳态噪声、非稳态噪声、起伏噪声、间歇噪声以及脉冲噪声等。

职业噪声

职业噪声的第一特点是都为宽带噪声，特别是办公室里的噪声，一般由各种不同频率的声音组合而成。

建筑噪声

建筑噪声也是十分主要的问题，尽管政府于1989年实施《噪音管制条例》，其后也逐渐加强管制建筑噪声，但是建筑噪声的问题仍未彻底解决。

噪声的危害

噪声会影响听觉，逐渐从生理移行至病理。造成病理性听力损伤必须达到一定的强度和接触时间。长期接触较强烈的噪声引起听觉器官损伤的变化一般是从暂时性听阈位移逐渐发展为永久性听阈位移。

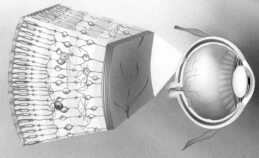

对视觉的危害

研究表明，当噪声为90分贝时，人们视网膜中视杆细胞区别光亮度的敏感性开始下降，识别弱光的反应时间延长；达到95分贝时，瞳孔会扩大；达到115分贝时，眼睛对光亮度的适应性会降低。

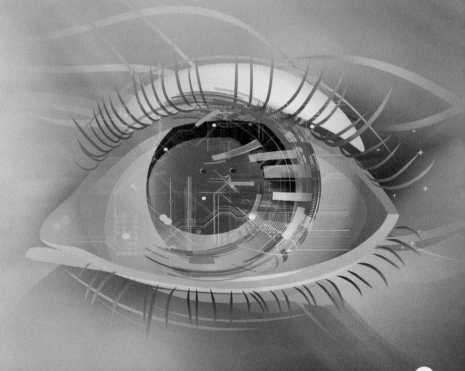

对心理的影响

　　有高达28%的人认为噪声影响睡眠。而高强度的噪声还会对人的心理造成影响。导致人们出现焦躁不安的症状，容易激动。有人研究发现噪声越强的工作场所，意外事件越多，生产力越低，不过此项结果仍有争论。

噪声的控制

　　充分的噪声控制，必需要考虑噪声源、传音途径、受音者所组成的整个系统。从声源上控制噪音，工业、交通运输业可以选用低噪声的生产设备和改进生产工艺，或者改变噪声源的运动方式。

降低噪声的办法

　　在传音途径上降低噪声，控制噪声的传播，改变声源已经发出的噪音传播途径，如采用吸音、隔音、音屏障、隔振等措施，以及合理规划城市和建筑布局等。

保护受音器官的措施

　　如果无法在声源和传播途径上降低噪声时，就需要对受音者或受音器官采取防护措施，如长期职业性噪声暴露的工人可以戴耳塞、耳罩或头盔等护耳器。

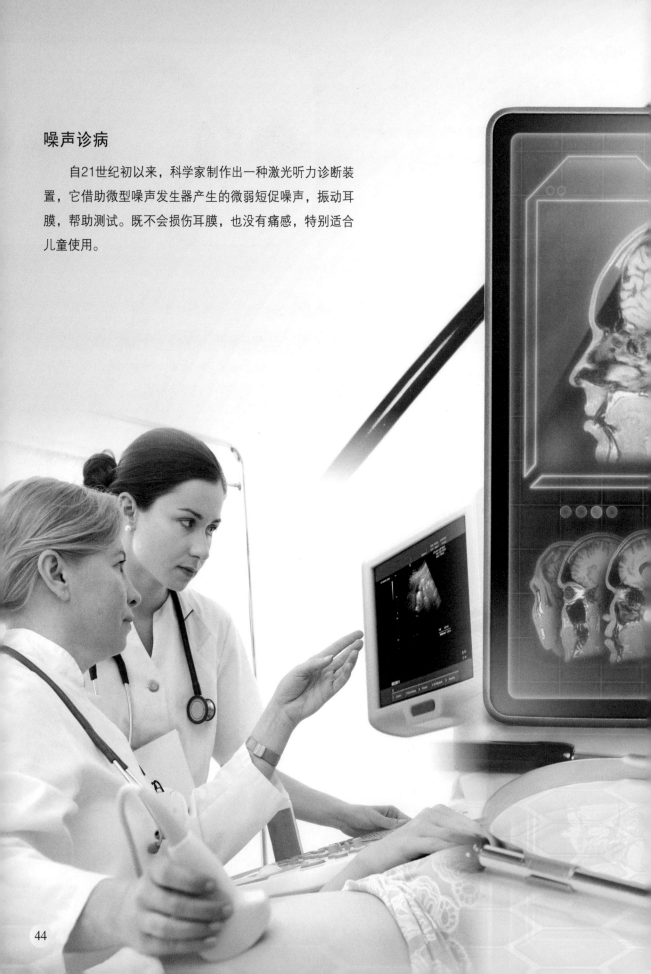

噪声诊病

自21世纪初以来，科学家制作出一种激光听力诊断装置，它借助微型噪声发生器产生的微弱短促噪声，振动耳膜，帮助测试。既不会损伤耳膜，也没有痛感，特别适合儿童使用。

噪声除草

　　根据不同植物对不同噪声的敏感程度不同的原理，人们制造出噪声除草器，使杂草的种子提前萌发，在作物生长之前用药物除掉杂草，保证作物的顺利生长。

噪声制冷

　　截至2013年，有调查显示，世界上正在开发一种新的制冷技术，即利用微弱的声振动来制冷的新技术，第一台样机已在美国试制成功。

噪声除尘

美国科研人员研制出一种功率为2 千瓦的除尘报警器，它能发出频率2000 赫兹、声强为160分贝的噪声，用于烟囱除尘，控制高温、高压、高腐蚀环境中的尘粒和大气污染。

只要你多动大脑，灵活思考，一定能想出办法变废为宝，让噪声成为"好声音"

噪声发电

科学家研究发现，人造铌酸锂具有在高频高温下将声能转变成电能的特殊功能。借助这个原理，利用环境噪声发电指日可待。

噪声克敌

截至2013年为止，已经研制出一种"噪声弹"，能够在爆炸瞬间释放出大量噪声波，麻痹人的中枢神经系统，使人暂时昏迷。

阅读大视野

1959年，美国有10个人"自愿"做噪声实验。当实验用飞机从10名实验者头上10至12米的高度飞过后，有6人当场死亡，4人数小时后死亡。后来证明10人都死于噪声引起的脑出血。可见这个"声学武器"的威力之大。

声学的分类

　　声学日益密切地同多个领域的现代科学技术紧密联系，形成众多的相对独立的分支学科，从最早形成的建筑声学、电声学直到目前仍在"定型"的"等离子体声学"和"地声学"等等。

建筑声学

　　建筑声学是研究建筑中声学环境问题的科学。它主要研究室内音质和建筑环境的噪声控制，以保证室内具有良好听闻条件。

　　因为独特的空间结构，同时结合了剧场的美学，我才会呈现出你所听到的完美音效！

基本任务

　　建筑声学的基本任务是研究室内声波传输的物理条件和声学处理方法以及研究控制建筑物内部和外部一定空间内的噪声干扰和危害。

构成要素

　　建筑声环境一般有两个构成要素，分别是声源和声音传播其中的建筑环境。声源一般是指受外力作用而产生振动的发声体。

> 我能够通过介质传播，形成一种神奇的波动，然后作用在你的小耳朵上，就能让你听见声音啦！

建筑环境

　　建筑环境一般是指人类生存其间的人工建成物及其所在区域的状态和格局。不同的建成物具有不同的使用功能，对传播其中的声音也具有不同的声学要求。

改善措施

　　改善建筑物的声环境，必须加强基础研究、技术措施和组织管理措施，重点应该放在声源上，只是改变声源往往较为困难甚至不可能，于是需要更多地注意传播途径和接收条件。

电声学

电声学是指研究声电相互转换的原理和技术，以及声信号的接收、存储、加工、传递、测量、重放和应用的一门分支学科。研究内容覆盖所有的声波频率范围，从次声到特超声。

电声换能器

电声学中的一个重要分支是电声换能器的研究，电声换能器是将声能转换成电能或电能转换成声能的器件。电声工程中的传声器、扬声器和耳机是最典型的电声换能器。

等离子体声学

等离子体声学主要研究等离子体中那些性质上可看成是声的发生、传播和接收的动力学现象。它是对波动现象的研究提供理论与实验相联系的唯一环节，也是探测等离子体的重要手段。

等离子体声学重要性

等离子体声学的建立不仅对声学领域的完整——也就是把声学扩展到物质第四态——是必要的，而且对于等离子体动力学的发展十分关键。

地声学

地声学是一门研究海底沉积物声学特性的学科，也是一门用声学方法研究海底沉积物地学特性，比如地质构造及其地质属性等的学科。

地声学意义

地声学的发展和水声学、海洋学、地质学、地球物理学及地理学等多个学科有密切的关系。对于海洋工程建设，海底资源开发及港口、航道和海防等各项海洋事业的发展有重大的实用意义。

我能够帮助你找到那些隐藏在海底深处的秘密，你想知道更多关于大海的故事吗？快来找我吧！

阅读大视野

1931年，D.R.哈特里提出无线电波通过大气层中E电离层反射的完整理论，1942年，H.阿尔文在研究宇宙电动力学时发现类似于弹性弦上横波的磁流体动力波。这是波传播研究中第一个最重要的发展。

声学应用

声学的应用范围越来越广，在军事、医学、建筑等方面有着举足轻重的地位，尤其是建筑声学，更是建筑设计师们一直在研究的重点科目。

次声波预测自然灾害性事件

许多灾害性的自然现象，如火山爆发、龙卷风、雷暴、台风等，在发生之前，可能会辐射出次声波。人们就有机会利用这些前兆现象来预测和预报灾害性自然事件的发生。

探测监视大气变化

次声波在大气层中传播时，容易受到大气介质的影响，与大气层中的风和温度分布等因素关系密切。因此，可以通过测定自然或人工产生的次声波在大气中的传播特性，探测出某些大规模气象的性质和规律。

超声波碎石

利用电能转变成声波，声波在超声转换器内产生机械振动能，通过超声电极传递到超声探杆上；使其顶端发生纵向振动，当与坚硬的结石接触时产生碎石效应，将人体内的结石击碎。

超声波清洗

    在放有金属零件、玻璃和陶瓷制品的清洗液中通入超声波，清洗液的剧烈振动能够冲击物品上的污垢，很快将物品清洗干净。

超声造影

　　人体各个内脏的表面对超声波的反射能力是不同的，健康内脏和病变内脏的反射能力也不一样。可以根据内脏反射的超声波进行造影，帮助医生分析体内的病变。

了解人体器官

　　了解人体或其他生物相应器官的活动情况。人和其他生物的某些器官也会发出微弱的次声波。因此，可以利用测定这些次声波的特性对这些器官进行了解。

阅读大视野

　　20世纪40年代末，超声治疗在欧美兴起，直到1949年召开的第一次国际医学超声波学术会议上，开始有了超声治疗方面的论文交流，为超声治疗学的发展奠定了基础。

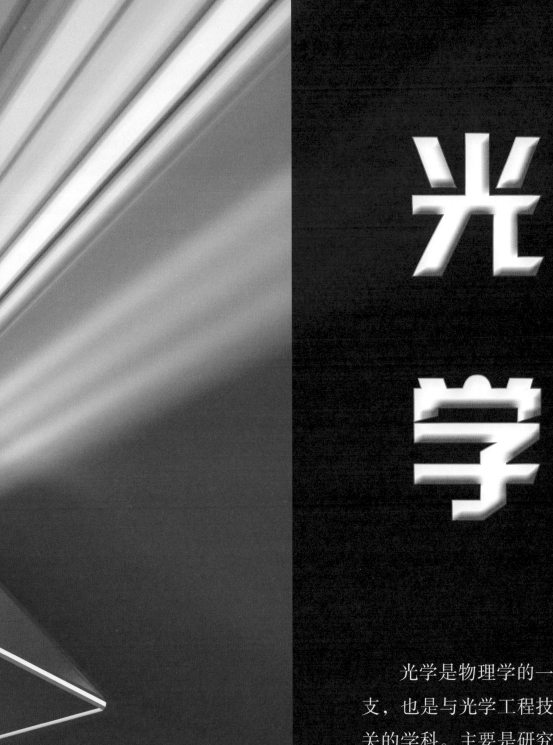

光学

光学是物理学的一
支，也是与光学工程技
关的学科。主要是研究
行为和性质，也包括光
质的相互作用以及使用
测光的仪器的构造。

光的直线传播

光在同种均匀介质中沿直线传播，通常将其称为光的直线传播。它是几何光学的重要基础，利用它可以简明地解决成像问题。

自然光源

自身能够发光的物体叫作光源。自然光源是光源的一种，如太阳、萤火虫等就是自然光源。月亮不是自然光源，因为它依靠反射太阳的光发光。

> 路边的霓虹灯、夜晚照亮用的小手电、打火机冒出的火焰，都是我的化身呢！

人造光源

人造光源是光源的另外一种，生活中发光的电灯、点燃的蜡烛等属于人造光源。从人工摩擦起火到钻木取火再到近代电灯等发明，人造光源在人们生活中起着无比重要的作用。

点光源

点光源指的是从一个点向周围空间均匀发光的光源。它是被理想化为质点，向四面八方发出光线的光源，在现实中是不存在的。

线光源

线光源指的是发光的模式，是指通过专门设计的光学镜头组输出一条狭长的紫外光带，能够满足封边、印刷等领域的生产需要。

面光源

面光源是指发光的模式，相对led点光源及普通灯具光源，现有面光源如平板光源，led面光源具有出光柔和、不伤眼、省电、光线自然等特点，是将来光源产品发展的重要方向。

光线

为了表示光的传播情况，我们通常用一条带箭头的直线表示光的径迹和方向，这样的直线叫光线。光在同种均匀的介质中是沿直线传播的。

光沿直线传播

光的直线传播性质，在我国古代天文历法中有广泛的应用。圭表和日晷，用来测量日影的长短和方位，以确定时间、冬至点、夏至点；在天文仪器上安装窥管，以观察天象；测量恒星的位置。

光沿直线传播应用

我国古代的皮影戏也利用了光沿直线传播的性质。汉初齐少翁用纸剪的人、物在白幕后表演，并且用光照射，人、物的影像就映在白幕上，幕外的人就可以看到影像的表演。皮影戏曾经非常盛行，传到西方后也引起了轰动。

有的时候你会发现月亮缺了一块，这不是"天狗"故意咬的，而是太阳发出的光被挡住了哦！

影子的形成

光从光源传播出来，照射在不透光的物体上，不透光的物体把沿直线传播的光挡住了，在不透光的物体后面受不到光照射的地方就会形成影子。

小孔成像

大约二千五百年前，我国杰出的科学家墨翟和他的学生完成了世界上第一个小孔成倒像的实验，发现并解释了小孔成倒像的原理。这是对光沿直线传播的第一次科学解释。

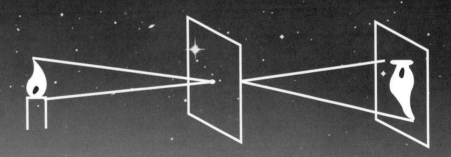

用一个带有小孔的板遮挡在墙体与物之间，墙体上就会形成物的倒影，我们把这样的现象叫小孔成像。前后移动中间的板，墙体上像的大小也会随之发生变化，这种现象说明了光沿直线传播的性质。

阅读大视野

十四世纪中叶，元代天文数学家赵友钦在他所著的《革象新书》中进一步详细地考察了日光通过墙上孔隙所形成的像和孔隙之间的关系，并经过精心思索和研究，得出了关于小孔成像的规律。

光的反射

　　光的反射是指光射到两种不同介质的分界面上时，有部分光自界面射回原介质中的现象。反射是光线的一个重要性质，在日常生活中应用广泛。

入射光线和反射光线

　　在光的反射现象中，从一种介质照射到介质界面的光线，称为入射光线。先有入射光线之后，才有反射光线的。它们是一种理想化状态，并不真实存在。

光的反射定律

　　光的反射定律内容是：光反射时，反射光线、入射光线、法线都在同一平面内；光反射时，反射光线、入射光线分居法线两侧；光反射时，反射角等于入射角。可归纳为："三线共面，两线分居，两角相等。"

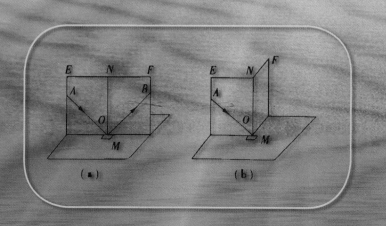

（a）　　　　　　　　　（b）

镜面反

镜面反射是指如果反射面比较光滑，当平行入射的光线射到这个反射面时，仍会平行地向一个方向反射出来，这种反射就属于镜面反射。

漫反射

漫反射是指光线被粗糙表面无规则地向各个方向反射的现象。当一束平行的入射光线射到粗糙的表面时，表面会把光线向着四面八方反射，所以入射线虽然互相平行，由于各点的法线方向不一致，造成反射光线向不同的方向无规则地反射。

入射角和反射角

入射角是入射光线与法线的夹角，反射角是反射光线与法线的夹角。当光垂直入射的时候，入射角与反射角都是零度，法线、入射光线、反射光线合为一线。

方向反射

通常情况下将介于漫反射和镜面反射之间的反射称为方向反射，也称非朗伯反射，其表现为各向都有反射，且各向反射强度不均一。

平面镜成像

平面镜成像是一种物理现象。指的是太阳或者灯的光照射到人的身上，被反射到镜面上，平面镜又将光反射到人的眼睛里，因此我们看到了自己在平面镜中的虚像。

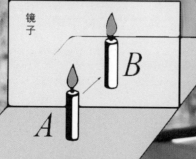

镜子

A

B

镜子中的你和你的影子都是你的化身，不过它们都是虚假的，只有你才最真实哦！

光束

平面镜能改变光的传播路线，但不能改变光束性质，即入射光分别是平行光束、发散光束、会聚光束时，反射后仍分别是平行光束、发散光束、会聚光束。

虚像

物体在平面镜里成的是虚像，无法在光屏上显现。像距与物距大小相等，它们的连线跟镜面垂直，它们到镜面的距离相等，上下相同，左右相反，成的是正立等大的虚像。

阅读大视野

法国土木工程兼物理学家菲涅耳在研究中发现了反射角、折射角与视点角度之间的关系，于是提出了光的反射定律。因此，光的反射又称为菲涅耳反射。

光的折射

光从一种介质斜射入另一种介质的时候，传播方向会发生改变，从而导致光线在不同介质的交界处发生偏折的现象，就是光的折射。

折射规律

折射光线和入射光线分居法线两侧，法线居中，与界面垂直；折射光线、入射光线、法线在同一平面内；折射角的正弦与入射角的正弦之比为常数。

折射角与入射角

通常情况下，当光线从空气斜射入其他介质中时，折射角小于入射角。当光线从其他介质斜射入空气时，折射角大于入射角。

聪明的你终于知道为什么鱼儿在水中游动的时候要瞄准它的下方才能叉到它了吧！

折射角的变化

在相同的条件下，折射角会随着入射角的增大而增大，随着入射角的减小而减小。当光从空气中垂直射入水中时，入射角为0，折射角也为0。一般说来，光在哪种物质中传播的速度快，那么它与法线形成的入射角或者反射角就是较大的角，不过真空中的传播速度总是最大的。

介质

　　光的折射需要密度不同的介质，不同的介质对光的折射程度是不同的。通常情况下是气体大于液体大于固体，也就是说介质密度大的角度小于介质密度小的角度。

凹透镜

凹透镜亦称为负球透镜，也是根据光的折射原理制成的，它的镜片中间薄，边缘厚，呈凹形，因此得名。凹透镜分为双凹、平凹、凸凹等形式，它对光有发散作用，近视眼镜就是凹透镜。

凸透镜

凸透镜是根据光的折射原理制成的。它是中央较厚，边缘较薄的透镜。凸透镜分为双凸、平凸和凹凸等形式，因为有会聚光线的作用，因此又称为会聚透镜，较厚的凸透镜则有望远、会聚等作用，这与透镜的厚度有关。

虽然我长得很像符号，但是在这里你看到的我就是表现凹凸的平面效果哦！例如，眼镜片的样子就和我一样呢！

阅读大视野

1966年，高锟取得了光纤物理学上的突破性成果，计算出了如何使光在光导纤维中进行远距离传输。1971年，在他的努力推动下，世界上第一条1千米长的光纤问世，1981年，第一个光纤通信系统启用。高锟的研究成果促使光纤通信系统问世，并间接为当今互联网的发展铺平了道路。

光学的分类

光学在人们的日常生活中占有重要地位，人们根据它们的不同特点和用处，通常会将它们分成几何光学、波动光学和量子光学。

几何光学

几何光学是光学学科中以光线为基础，研究光的传播和成像规律的一个重要的实用性分支学科。在几何光学中，把组成物体的物点看作是几何点，把它所发出的光束看作是无数几何光线的集合，光线的方向代表光能的传播方向。

几何光学优点

在上述假设下，根据光线的传播规律，在研究物体被透镜或其他光学元件成像的过程，以及设计光学仪器的光学系统等方面都十分方便和实用。

我只是为了方便提供帮助才假设出来的，就像你喜欢的奥特曼一样，实际上并不存在哦！

光的独立传播定律

　　光线的传播遵循光的独立传播定律，即两束光在传播途中相遇时互不干扰，仍按各自的途径继续传播，而当两束光会聚于同一点时，在该点上的光能量是简单的相加。

光路可逆性原理

　　光线的传播遵循光路可逆性原理，一束光线从一点出发经过无论多少次反射和折射，如在最后遇到与光束成直角的界面反射，光束必然准确地循原路返回出发点。

波动光学

　　波动光学是光学中非常重要的组成部分，它是以波动理论研究光的传播及光与物质相互作用的光学分支，不管是理论还是实践，都在物理学中占有重要地位。

波动光学内容

　　利用一些模型来说明光的色散、吸收、散射，以及磁光效应、电光效应等现象，甚至光的发射也都属于一般波动光学的内容。

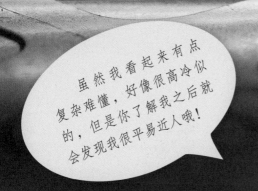

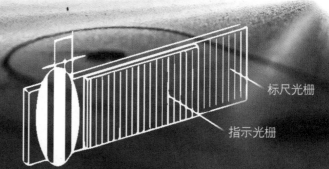

标尺光栅

指示光栅

波动光学应用

　　波动光学在应用领域的使用为人们提供了非常大的便利，以干涉原理为基础的干涉计量术为人们提供了精密测量和检验的手段，其精度提高到前所未有的程度。衍射光栅已经成为分离光谱线以进行光谱分析的重要色散元件。

量子光学

量子光学是应用辐射的量子理论研究光辐射的产生、相关统计性质、传输、检测以及光与物质相互作用中的基础物理问题的一门学科。

量子光学的主要任务

量子光学的主要任务是研究光场的各种经典和非经典现象的物理本质、揭示光场的各种线性和非线性效应的物理机制、揭示光子自身相互作用的基本特征、机理、规律以及光子的深层次结构等。

量子光学发展

尽管量子光学领域已经取得了一系列重大进展和辉煌成就，但是从量子光学理论本身的结构来看，仍然不是很完善，需要进一步研究和探索。

阅读大视野

1905年，爱因斯坦在研究光电效应现象时首次提出了光的量子学说。他因为研究外光电效应现象并从理论上对其做出了正确的量子解释而获得诺贝尔物理学奖。这是量子光学发展史中的第一个重大转折性历史事件，同时又是量子光学发展史上的第一个诺贝尔物理学奖。

热

学

热学是研究物质处于热
状态时的有关性质和规律的
物理学分支，它起源于人类
对冷热现象的探索，对人类
的生活产生了重要影响。

分子热运动

　　物体都是由分子、原子和离子组成，而一切物质的分子都在不停地做无规则的运动，这种无规则运动与温度有关，因此称为分子热运动。

布朗运动

　　布朗运动是指悬浮在液体或气体中的微粒所做的永不停息的无规则运动。

撞击作用

因为受到各个方向液体分子的撞击作用是不平衡的，当悬浮的微粒足够小时，而恰巧在某一瞬间，微粒在另一个方向受到的撞击作用超强的时候，就会导致微粒向其他方向运动，这就是微粒的无规则运动，即布朗运动。

我的个头非常非常小，一直在做不规则运动，和你乘地铁的时候挤过来又挤过去很像哦！

温度的影响

温度越高，液体分子的运动越剧烈，分子撞击颗粒时对颗粒的撞击力越大，因而同一瞬间来自不同方向的液体分子对颗粒撞击力越大，小颗粒的运动状态改变越快，布朗运动越明显。

显微镜下的布朗运动

做布朗运动的固体颗粒很小，肉眼是看不见的，必须在显微镜下才能看到。而显微镜下观察到的布朗运动间接反映并证明了分子热运动。

扩散现象

扩散现象是指物质分子从高浓度区域向低浓度区域转移直到均匀分布的现象，通常情况下，分子运动速率与物质的浓度梯度成正比。

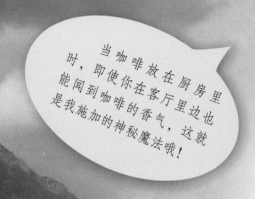

当咖啡放在厨房里时，即使你在客厅里边也能闻到咖啡的香气，这就是我施加的神秘魔法哦！

不同形态分子扩散的快慢

当物质处于不同形态的时候，分子扩散的快慢也不同。一般说来，气体分子扩散的速度更快；固体的绝大多数分子只能在各自的平衡位置附近振动；液体分子的主要形式也是振动，同时会发生移动，因此扩散速度要大于固体。

阅读大视野

1827年，苏格兰植物学家罗伯特·布朗发现水中的花粉及其他悬浮的微小颗粒不停地做不规则的曲线运动，50年后，J·德耳索提出这些微小颗粒是受到周围分子的不平衡的碰撞而导致的运动，并在后来得到爱因斯坦研究的证明。

内能

　　物体内部所有分子热运动的动能和分子势能的总和叫作内能。它是物体、系统的一种固有属性，即一切物体或者系统都具有内能，不依赖于外界是否存在、外界是否对系统有影响。

狭义内能

　　在一般的物理问题中，内能中只有分子动能和势能两部分会发生改变，此时我们只注重这两部分，于是将这两部分之和定义为内能。这是一种简化的定义，即狭义内能。

广义内能

　　最广义的内能就是物体或系统内部一切微观粒子的一切运动形式所具有的能量总和，即热力学能、电子能与原子核内部能量之和。

动能

　　动能是内能的一部分，物体由于运动而具有的能量，称为物体的动能。它的大小定义为物体质量与速度平方乘积的二分之一。

　　你的宠物狗跑着扑向你的时候常常能把你扑倒，这不只是因为它的力气，还因为它这个时候的动能超级大呢！

动能的影响因素

　　动能大小与物体的质量和速度有关。通常情况下，质量相同的物体，运动速度越大，它的动能就越大。运动速度相同的物体，质量越大，它的动能就越大。

势能

势能是内能的一部分，是储存于一个系统内的能量，它可以释放或者转化为其他形式的能量。根据作用性质的不同，可以分为重力势能、磁场势能、弹性势能、分子势能、引力势能等。

重力势能

　　重力势能是物体因为重力作用而拥有的能量，物体在空间某点处的重力势能等于使物体从该点运动到参考点，即一特定水平面时重力所作的功。它的公式是$Ep=mgh$，其中m代表质量，g应该取9.8N/kg，h是物体此时距离水平面的高度。

当你荡秋千荡到最高处的时候，你的重力势能要比你站在地面上大很多呢！

磁场势能

　　磁场势能是指由磁场引力或者斥力使物体间相对位置发生变化，以及物质被磁化或者退磁使物质内部特性发生改变的能量。

弹性势能

　　弹性势能是指发生弹性形变的物体的各部分之间，由于有弹力的相互作用而具有的势能。同一弹性物体在一定范围内形变越大，具有的弹性势能就越多，形变越小，具有的弹性势能越少。

分子势能

分子势能是指分子间由于存在相互的作用力，即引力和斥力，从而具有的与其相对位置有关的能。分子势能是内能的重要组成部分。

引力势能

引力势能通常指物体，特别指天体，在引力场中具有的势能。物理学中经常把无穷远处定为引力势能的零势能点，它的单位是焦。

阅读大视野

被誉为"十七世纪的亚里士多德"的德国哲学家、数学家，历史上少见的通才戈特弗里德·威廉·莱布尼茨首次提出了动能的概念，他将其称之为法力，定义为 mv^2，是现用动能定义的两倍。

内能的利用

人们认识到内能之后逐渐发现它可以做功，于是开始研究如何利用内能帮助人们进行工作，并逐渐发明了各种利用内能做功的机械，大大便利了人们的生活。

热机

热机是指将燃料的化学能转化成内能再转化成机械能的机器动力机械的一类，如蒸汽机、汽轮机、燃气轮机、内燃机、喷气发动机。

热能的来源

热机通常以气体作为传递能量的媒介物质，利用气体受热膨胀对外做功。而热能的来源主要有燃料燃烧产生的热能、原子能、太阳能和地热等。

热机的应用

热机在人类生活中发挥着重要的作用，现代化的交通运输工具都靠它提供动力。热机的应用和发展虽然推动了社会的快速发展，但也不可避免地损失部分能量，并对环境造成一定程度的污染。

你每天乘坐的公交车和小汽车就是我在努力工作，带动它前进，如果我罢工了，它也没办法工作呢！

冲程

热机的活塞在往复运动中从汽缸一端运动到汽缸的另一端叫作一个冲程。热机一般需要四个冲程，分别是吸气冲程、压缩冲程、做功冲程和排气冲程。

内燃机

内燃机是一种动力机械，它是通过使燃料在机器内部燃烧，并将其放出的热能直接转换为动力的热力发动机。广义上的内燃机不仅包括往复活塞式内燃机、旋转活塞式发动机和自由活塞式发动机，也包括旋转叶轮式的燃气轮机、喷气式发动机等。

活塞式内燃机

通常所说的内燃机是指活塞式内燃机。常见的活塞式内燃机分为汽油机和柴油机两大类。它们分别是以汽油和柴油作为燃料。

我们是最最常见的内燃机，就像空气一样，简直无处不在哦！

汽油机

　　汽油机以汽油为燃料，由于汽油的黏性小，蒸发快，因此可以用汽油喷射系统将汽油喷入气缸，经过压缩达到一定的温度和压力后，用火花塞点燃，使气体膨胀做功。

汽油机特点

　　汽油机的特点是转速高、结构简单、质量轻、造价低廉、运转平稳、使用维修方便。因此它在汽车上，特别是小型汽车上大量使用。

柴油机

柴油发动机的工作过程与汽油发动机有许多相同的地方，但是柴油的黏度比汽油大，不容易蒸发，自燃温度却比汽油低，因此，可燃混合气的形成及点火方式都与汽油机不同。它的特点是扭矩大、经济性能好。

外燃机

外燃机是指利用燃料燃烧加热循环工质，使热能转化为机械能的一种热机。由于其中的燃烧过程在热机外部进行，属于热机中的外燃机。

蒸汽机

　　生活中比较常见的外燃机有蒸汽机和斯特林发动机。蒸汽机是将蒸汽的能量转换为机械功的往复式动力机械。它的出现曾经引起了18世纪的工业革命。直到20世纪初，它仍然是世界上最重要的原动机，后来才逐渐让位于内燃机和汽轮机等。

　　我在很长一段时间内都带领着你们前进，虽然你们现在有了新的宠儿，也不要忘记我啊！

蒸汽机结构

　　简单蒸汽机主要由汽缸、底座、活塞、曲柄连杆机构、滑阀配汽机构、调速机构和飞轮等部分组成，汽缸和底座是静止部分。从锅炉来的新蒸汽，经主汽阀和节流阀进入滑阀室，受滑阀控制交替地进入汽缸的左侧或右侧，推动活塞运动。

十九世纪蒸汽机的使用改变了人们的生活

斯特林发动机

斯特林发动机是通过气缸内工作介质，即氢气或氦气，经过冷却、压缩、吸热、膨胀为一个周期的循环来输出动力，因此又被称为热气机。

适用能源

斯特林发动机能适用各种能源。无论是液态的、气态的或固态的燃料，当采用载热系统间接加热时，几乎可以使用任何高温热源，而发动机本身，除加热器外，不需要做任何更改，同时热气机无需压缩机增压，使用一般风机即可满足要求，并允许燃料具有较高的杂质含量。

我的胸怀十分宽广，无论什么样的能源，我都能好好利用，发挥它们的价值哦！

斯特林发动机优点

斯特林发动机的噪音小，由于避免了类似内燃机的爆震做功和间歇燃烧过程，实现了低噪音。它还不受气压影响，这是因为斯特林闭循环中工质与大气隔绝，这使它非常适合在高海拔地区使用。

热机效率

热机的机械效率是指推动机轴做功所需的热量和热机工作过程中转变为机械功的热量的比值，热效率越高，热机中热量的利用程度越高。

提高热机效率的措施

热机的效率是热机问世以来科学家、发明家和工程师们一直研究的重要问题。想要提高热机的效率，最好能保证活塞滑动灵活，并且密封性好；保证喷头无损，喷雾均匀；连杆转轴等处摩擦小；使用合适的燃料；同时对不可避免的热能损失，可以用来加热水等。

阅读大视野

世界上第一台蒸汽机是由古希腊数学家亚历山大港的希罗于公元1世纪发明的汽转球，这是蒸汽机的雏形。而瓦特在1776年制造出了第一台有实用价值的蒸汽机。

热力学

　　热力学是从宏观角度研究物质的热运动性质及其规律的学科。它属于物理学的分支，提示了能量从一种形式转换为另一种形式时遵从的宏观规律，是总结了物质的宏观现象而得到的热学理论。

热力学概念

　　热力学主要是从能量转化的观点来研究物质的热性质，它提示了能量从一种形式转换为另一种形式时遵从的宏观规律，总结了物质的宏观现象而得到的热学理论。

　　热力学只关心系统在整体上表现出来的热现象及其变化发展所必须遵循的基本规律。它满足于用少数几个能直接感受和可观测的宏观状态量，诸如温度、压强、体积、浓度等，描述和确定系统所处的状态。

　　为什么会有第零定律呢？跟着我的节奏，让我为你解开这个秘密吧！

热学规律

　　制约关系除与物质的性质有关外，还必须遵循一些对任何物质都适用的基本的热学规律，如热力学第零定律、热力学第一定律、热力学第二定律和热力学第三定律等。

热力学第零定律

热力学第零定律，又称热平衡定律，是热力学的四条基本定律之一。这条定律是关于互相接触的物体在热平衡时的描述，同时为温度提供理论基础。

绝热壁

$A=B$
透热壁
$A=B \atop A=C} \Rightarrow B=C$

热力学第零定律内容

热力学第零定律的内容通常表述为：若两个热力学系统均与第三个系统处于热平衡状态，此两个系统也必互相处于热平衡。也就是说第零定律是指，在一个数学二元关系之中，热平衡是递移的。

热力学第零定律的提出

第零定律比起其他任何定律更为基本，它由英国物理学家拉尔夫·福勒于1939年正式提出，比热力学第一定律和热力学第二定律晚了80余年，但是第零定律是后面几个定律的基础，因此被称为热力学第零定律。

如果你们早点意识到我的重要性，那我的出生一定不会比其他兄弟姐妹那么多，哼！

平衡状态

　　两个互相处于平衡状态的系统会满足以下条件，首先两者各自处于平衡状态，其次两者在可以交换热量的情况下，仍然保持平衡状态。

　　因此可以知道如果能够肯定两个系统在可以交换热量的情况下物理性质也不会发生变化时，即使不允许两个系统交换热量，也可以肯定互为平衡状态。

热力学系统特征

      热力学第零定律反映出处在同一热平衡状态的所有热力学系统都具有一个共同的宏观特征，这一特征是由这些互为热平衡系统的状态所决定的一个数值相等的状态函数，这个状态函数被定义为温度，温度相等是热平衡必要的条件。

      如果没有温度，热平衡就失去了意义。所以你知道我有多重要了吧！

第零定律的不适用情形

      第零定律是在不考虑引力场作用的情况下得出的，因为物质，特别是气体物质在引力场中会自发产生一定的温度梯度。因此第零定律不适用引力场存在的情形。

第零定律重要性

　　热力学第零定律用来作为进行体系测量的基本依据和重要性在于它说明了温度的定义和温度的测量方法。我们据此可以通过使两个体系相接触，并观察这两个体系的性质是否发生变化而判断这两个体系是否已经达到热平衡。

温度值

　　根据第零定律可以知道，当外界条件不发生变化时，已经达成热平衡状态的体系，其内部的温度是均匀分布的，并具有确定不变的温度值。

$\Delta U = Q + W$

平衡体系

　　一切互为平衡的体系具有相同的温度，所以一个体系的温度可以通过另一个与之平衡的体系的温度来表示，也可以通过第三个体系的温度来表示。

热力学第一定律

　　热力学第一定律是普遍的能量守恒和转化定律在一切涉及宏观热现象过程中的具体表现，反映了不同形式的能量在传递与转换过程中守恒。

热力学第一定律内容

　　第一定律的内容是：物体内能的增加等于物体吸收的热量和对物体所做的功的总和。也就是说热量可以从一个物体传递到另一个物体，也可以与机械能或其他能量互相转换，但是在转换过程中，能量的总值保持不变。

系统的能量

第一定律说明系统在绝热状态时，功只取决于系统初始状态和结束状态的能量，和过程没有关系。而孤立系统的能量永远守恒。

虽然在一定范围内我才适用，但是在我的地盘里，我的大招可以秒杀一切哦！

封闭系统适用

第一定律只适用于封闭系统之中，有物质交换的敞开系统并不在热力学第一定律的考虑范围之内。

第一定律发展前景

热力学第一定律是热力学的基础，在能源方面有广泛的应用。而能源是人类社会活动的物质基础，社会得以发展离不开优质能源的出现和先进能源技术的使用，能量资源的范围随着科学技术的发展而扩大，所以它的发展前景将越来越广阔。

我不是你所感受到的"热"这种温度，要想研究我，你要好好学习才行呢！

热力学第二定律

热力学第二定律是热力学基本定律之一，它是限定实际热力学过程发生方向的热力学规律，证实了熵增加原理成立：达到平衡态的热力学系统存在一个态函数熵，孤立系的熵不减少，达到平衡态时的熵最大。

卡诺定理

　　1824年，萨迪·卡诺提出卡诺定理。德国人克劳修斯和英国人开尔文在热力学第一定律建立以后重新研究卡诺定理，意识到卡诺定理必须依据一个新的定理，即热力学第二定律。

克劳修斯表述

　　克劳修斯在1850年发表了论文，在论文中首次明确指出热力学第二定律的基本概念，他的表述为：热量不能自发地从低温物体转移到高温物体。

开尔文表述

1851年，开尔文提出了热力学第二定律的另一种表述方式，一般表述为：不可能从单一热源取热使之完全转换为有用的功而不产生其他影响。

虽然我们表述的内容并不相同，但是我们的理念是等价的哦！

$$S = kln\, \Omega$$

熵增加原理

除此之外，热力学第二定律的另一种表述方式是熵增加原理，具体内容为孤立系统的熵永不自动减少，熵在可逆过程中不变，在不可逆过程中增加。

$$S = kln\, \Omega$$

第二定律适用范围

熵增加原理比克劳修斯、开尔文表述更为概括地指出了不可逆过程的进行方向，更深刻地指出了热力学第二定律是大量分子无规则运动所具有的统计规律，因此只适用于大量分子构成的系统，不适用于单个分子或少量分子构成的系统。

普朗克表述

除上述几种表述外，热力学第二定律还有其他表述。如针对焦耳热功当量实验的普朗克表述：不可存在一个机器，在循环动作中把以重物升高而同时使一热库冷却。

热量自发传递

热力学第二定律说明了热量可以自发地从较热的物体传递到较冷的物体，但是不可能自发地从较冷的物体传递到较热的物体。

所以寒冷的时候，你将手放在暖宝宝上面能够将手焐热，而不是将暖宝宝变冷哦！

热力学理论基础

热力学第二定律是关于在有限空间和时间内，一切和热运动有关的物理、化学过程具有不可逆性的经验总结。它与热力学第一定律和热力学第三定律一起，构成了热力学理论的基础。

热力学第三定律

　　热力学第三定律通常表述为绝对零度时，所有纯物质的完美晶体的熵值为零。或者绝对零度不可达到。它是指限定温度趋于绝对零度时物质性质变化必须遵循的基本规律，主要内容是能斯特定理和由它引出的绝对零度不可达原理。

能斯特定理

　　20世纪初，德国物理化学家W.能斯特从研究低温下化学反应的性质得到结论：凝聚系的熵在可逆等温过程中的改变随绝对温度趋于零而趋于零。他的这个结论被称之为能斯特定理。

绝对零度不可达原理

　　1912年，能斯特又从能斯特定理引出一个结论：不可能使一个物体通过有限数目的手续冷却到绝对零度。这就是著名的绝对零度不可达原理。

阅读大视野

　　智利天文学家发现了宇宙最冷之地，这个宇宙最冷之地就叫作"回力棒星云"，那里的温度为零下272摄氏度，是目前所知自然界中最寒冷的地方，被称为"宇宙冰盒子"。

电磁学

电学是物理学的分支学科之一。主要研究"电"的形成及其应用。它的每项重大发现都给广泛的实用研究打下基础，从而促进科学技术的飞速发展。现今，无论人类生活、科学技术活动以及物质生产活动都已离不开电。

电荷

  电荷是物体或构成物体的质点所带的具有正电或负电的粒子，带正电的粒子叫正电荷，表示符号为"+"，带负电的粒子叫负电荷，表示符号为"-"。

电荷量

  电荷的量称为"电荷量"。它是物体所带电荷的量值，在国际单位制里，电荷量的符号以 q 为表示，单位是C，即库仑，简称"库"。

库仑

库仑是为了纪念法国物理学家查利·奥古斯丁·库仑而命名的。一般认为如果导线中载有1安培的稳定电流，则在1秒内通过导线横截面积的电量为1库仑。

我的名字可是大有来头，只要你记住伟大的物理学家库仑，就不会忘记我啦！

元电荷

任何带电体所带电量总是等于某一个最小电量的整数倍,这个最小电量叫作基元电荷，也称元电荷，用e表示，$1e=1.602\ 176\ 634\times10^{-19}$C 。它等于一个电子所带电量的多少，也等于一个质子所带电量的多少。

正负电荷

根据电场作用力的方向性，可以将电荷分为正电荷与负电荷。由于摩擦、加热、射线照射、化学变化等原因，物体在失去部分电子时带正电，获得部分电子时带负电。人们规定用丝绸摩擦过的玻璃棒带的是正电荷，用毛皮摩擦过的橡胶棒带的是负电荷。

点电荷

　　电荷都是有体积，有大小的。物理学上将本身的线度比相互之间的距离小得多的带电体叫作点电荷，相当于运动学的"质点"模型。

　　点电荷是带电体的一种理想模型。如果在研究的问题中，带电体的形状、大小以及电荷分布可以忽略不计，就可以将它看作是一个几何点，那么这样的带电体就是点电荷。

理想模型

点电荷是实际带电体的抽象和近似，它是建立具有普遍意义的基本规律不可或缺的理想模型，也是把复杂多样的实际问题转化或者分解为基本问题时必不可少的分析手段。

基本粒子的电荷

　　在粒子物理学中，许多粒子都带有电荷。电荷在粒子物理学中是一个相加性量子数，电荷守恒定律也适用于粒子，反应前粒子的电荷之和等于反应后粒子的电荷之和，这对于强相互作用、弱相互作用、电磁相互作用都是严格成立的。

电荷特征

　　电荷的最基本的性质是：同种电荷相互排斥，异种电荷相互吸引。如果正负电荷结合，就会彼此中和；电荷可以转移，此增彼减，保持总量不变。

阅读大视野

　　1600年，英国医生威廉·吉尔伯特对电磁现象做了一个很仔细的研究。他指出琥珀不是唯一可以经过摩擦而产生静电的物质，并且区分出电与磁不同的属性。他撰写了第一本阐述电和磁的科学著作《论磁石》。

电流和电路

　　电荷的定向移动会形成电流，电流流过的回路叫作电路，又称导电回路。那么电流和电路究竟是怎么一回事呢？让我们一起走进电的大世界吧！

载子

　　大自然有很多种承载电荷的载子。例如：导电体内可移动的电子、电解液内的离子、等离子体内的电子和离子、强子内的夸克。这些载子的移动，形成了电流。

电流含义

　　电学上规定：正电荷定向流动的方向为电流方向。工程中以正电荷的定向流动方向为电流方向，电流的大小则以单位时间内流经导体截面的电荷Q来表示其强弱，称为电流强度，简称电流，电流符号为I，单位是安培（A），简称"安"。

电流方向

电流强度是标量，习惯上常将正电荷的运动方向规定为电流的方向。在导体中，电流的方向总是沿着电场方向从高电势处指向低电势处。

当我的强度非常非常大，而导线又不够粗的时候，有可能失火，你一定要小心啊！

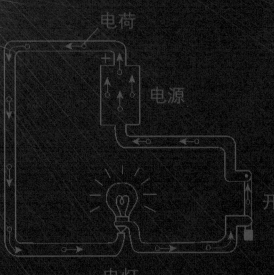

电荷

电源

开关

电灯

电流密度

电流密度是描述电路中某点电流强弱和流动方向的物理量，它以矢量的形式定义，其方向是电流的方向，其大小是单位截面面积的电流。采用国际单位制，电流密度的单位是"A/m^2"。

交流电

电流分为交流电流和直流电流。交流电是指电流方向随时间做周期性变化的电流，在一个周期内的平均电流为零。它可以有效传输电力。

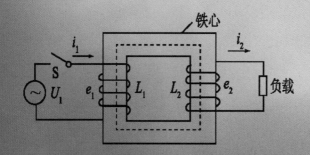

交流电应用

交流电被广泛运用于电力的传输，因为在以往的技术条件下交流输电比直流输电更有效率。交流电升降压比较容易，正好适合实现高压输电。

瞬时值和最大值

交流电在某一个瞬间的数值称为瞬时值，瞬时值达到最大的时候就叫作最大值。它的平均值可以用交流电的半个周期来计算。

直流电

　　直流电是指电荷的单向流动或者移动，通常是电子。电流密度随着时间而变化，但是通常移动的方向在所有时间里都是一样的。

直流电应用

　　直流电是由电气化学和光电单元以及电池产生的。实际上所有的电子和计算机硬件都需要使用直流电来工作，使用真空管的设备，例如高能无线广播或者电视广播传输器或者阴极射线管（CRT）显示，都需要大约150伏特到几千伏特的直流电。

直流电源

　　生活中使用的可移动外置式电源提供的是直流电。直流电一般被广泛使用于手电筒、手机等各类生活小电器等。干电池（1.5V）、锂电池、蓄电池等被称之为直流电源。

电流表

电流表是根据通电导体在磁场中受磁场力的作用而制成的用来测量交、直流电路中电流的仪表。在电路图中，它的符号为"Ⓐ"。

基本结构

电流表内部有一永磁体，在极间产生磁场，在磁场中有一个线圈，线圈两端各有一个游丝弹簧，弹簧各连接电流表的一个接线柱，在弹簧与线圈间由一个转轴连接，在转轴相对于电流表的前端，有一个指针。

工作原理

当有电流通过时，电流沿弹簧、转轴通过磁场，电流切磁感线，所以受磁场力的作用，使线圈发生偏转，带动转轴、指针偏转。由于磁场力的大小随电流增大而增大，所以就可以通过指针的偏转程度来观察电流的大小。这就是磁电式电流表。

如果你在测量电流强度的时候把我的正负极接反了，那么不管电流强度如何，我都不会告诉你的！

直流电流表

直流电流表主要采用磁电系或电动系测量机构，交流电流表可采用电磁系或电动系测量机构。直流电流表接线时，应注意其正负极性，电流表的正接线桩接实际电流来的方向，电流表的负接线桩接实际电流流出的方向。

不同工频电流对人体的危害

当电流通过人体的时候，会因为电流强度的不同对身体造成不同的危害。当工频电流为0.5至1毫安时，人就有手指、手腕麻或痛的感觉。

当电流增至8至10毫安时，针刺感、疼痛感增强发生痉挛而抓紧带电体，但最终能摆脱带电体；当接触电流达到20至30毫安时，会使人迅速麻痹不能摆脱带电体，而且血压升高，呼吸困难。

电流为50毫安时，就会使人呼吸麻痹，心脏开始颤动，数秒钟后就可致命。通过人体电流越大，人体生理反应越强烈，病理状态越严重，致命的时间越短。

触电时间长的危害

电流通过人体的时间越长，人体的电阻就会降低，电流就会增大。同时，人的心脏每收缩、扩张一次，中间有0.1s的时间间隙期。在这个间隙期内，人体对电流作用最敏感。触电时间越长，与这个间隙期重合的次数越多，造成的危害也就越大。

你一定要注意用电安全，千万不要轻视我。虽然不想伤害你，但是我也控制不住我自己啊！

对重要器官的影响

当电流通过人体不同的内部重要器官时，会导致不同的后果。当电流通过头部的时候，会破坏脑神经，使人死亡。当电流通过脊髓，会破坏中枢神经，使人瘫痪；通过肺部会使人呼吸困难；通过心脏，会引起心脏颤动或者停止跳动而死亡。

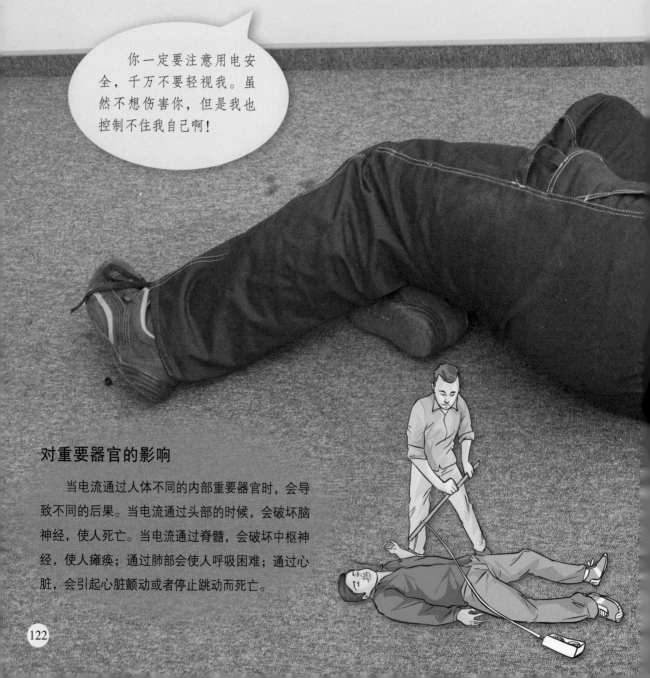

不同电流对人体的伤害程度

电流可以分为直流电、交流电。交流电可以分为工频电和高频电。这些电流对人体都有伤害，但是伤害程度不同。人体忍受直流电、高频电的能力比工频电强。所以，工频电对人体的危害最大。

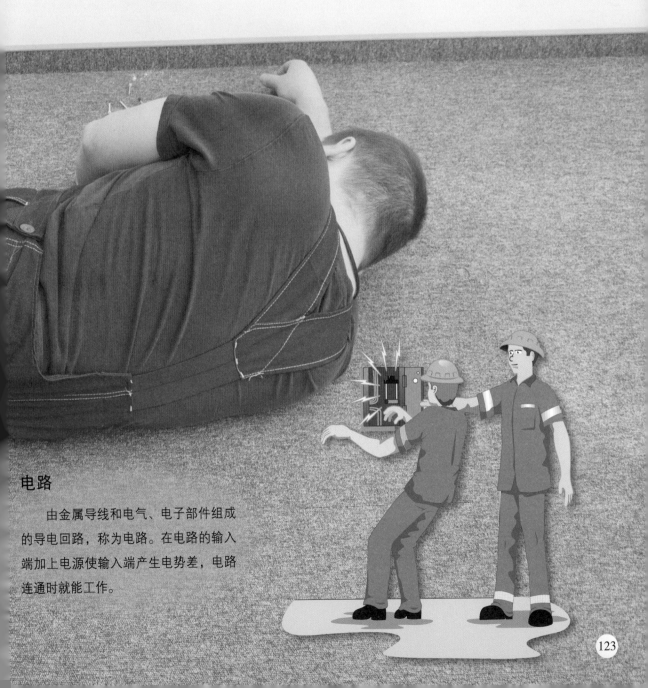

电路

由金属导线和电气、电子部件组成的导电回路，称为电路。在电路的输入端加上电源使输入端产生电势差，电路连通时就能工作。

通路

　　最简单的电路是由电源、用电器、导线和开关等元器件组成。电路导通的时候叫作通路，只有这个时候，电路中才会有电流通过。

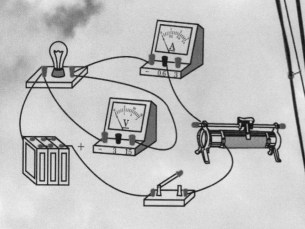

断路

　　电路某一处断开叫作断路或者开路，通常是因为电路没有闭合开关，或者导线没有连接好，或者用电器烧坏以及没安装好导致的。

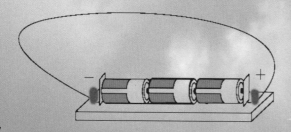

短路

　　电路中电源正负极间没有负载而是直接接通的现象叫作短路。这种情况是绝对不允许的，因为电路如果发生短路，会导致用电器、电表等无法正常工作，严重时甚至会烧毁电源及设备。

如果我出现了，那就代表着有大事要发生了，你一定要时刻警惕哦！

电源短路

　　电源短路发生的时候，电流不经过任何用电器，直接由正极经过导线流回负极。这种情况发生的时候有可能导致电源遭受机械的与热的损伤或是毁坏，后果十分严重。

用电器短路

　　用电器短路也叫部分电路短路。也就是将一根导线接在用电器的两端的情况，比如电流表并联，闭合的开关并联等，这样容易出现烧毁其他用电器的情况。

三相系统短路

　　三相系统中发生的短路有 4 种基本类型，分别是三相短路、两相短路、单相接地短路和两相接地短路。短路不仅会损坏设备，还有可能导致重大火灾及伤害事件。

电路类别

电路规模的大小，可以相差很大，小到硅片上的集成电路，大到高低压输电网。根据所处理信号的不同，电子电路可以分为模拟电路和数字电路。

模拟电路

模拟电路是将连续性物理自然变量转换为连续的电信号，并通过运算连续性电信号的电路。它是电子电路的基础，主要包括放大电路、信号运算和处理电路、振荡电路、调制和解调电路及电源等。

数字电路

数字电路又称为逻辑电路，它是将连续性的电信号，转换为不连续性定量的电信号，并运算不连续性定量电信号的电路。典型数字电路包括振荡器、寄存器、加法器、减法器等。

电路的作用

　　电路是电力系统、控制系统、通信系统、计算机硬件等电系统的主要组成部分，起着电能和电信号的产生、传输、转换、控制、处理和储存等作用。

我肩负着重大的责任，一旦我出问题了，你们心爱的手机和电脑也跟着"瘫痪"喽！

串联电路

几个电路元件沿着单一路径互相连接，每个节点最多只连接两个元件，这种连接方式称为串联。用串联方式连接的电路称为串联电路。

串联电路规律

串联电路中同一支路的各个截面有相同的电流强度，因此流过每个电阻的电流都相等，总电压等于分电压之和，总电阻等于分电阻之和。

并联电路

并联是元件之间的一种连接方式，它的特点是将两个同类或者不同类的元件、器件等首首相接，同时尾尾也相连的一种连接方式。用并联方式连接的电路称为并联电路。

并联电路规律

并联电路中各支路的电压都是相等的，干路电流等于各支路电流之和，总电阻的倒数等于各分电阻的倒数之和。并联电路中的各支路用电器是独立的，不互相影响。

阅读大视野

杰克·基尔比被称为集成电路之父，1958年9月12日，基尔比研制出世界上第一个集成电路。这个集成电路只包含一个单个的晶体管和其他的组件。2000年，基尔比因集成电路的发明被授予诺贝尔物理学奖。

电压和电阻

电压是电路中自由电荷定向移动形成电流的原因，而电路中导体对电流的阻碍作用就是该导体的电阻。那么电压和电阻之间有没有关系呢？让我们一起来探索一下吧！

电压

电压也称为电势差或者电位差，它是衡量单位电荷在静电场中由于电势不同所产生能量差的物理量。电压的大小等于单位正电荷受到电场力作用从A点移动到B点所做的功，电压的方向规定是从高电位指向低电位的方向。

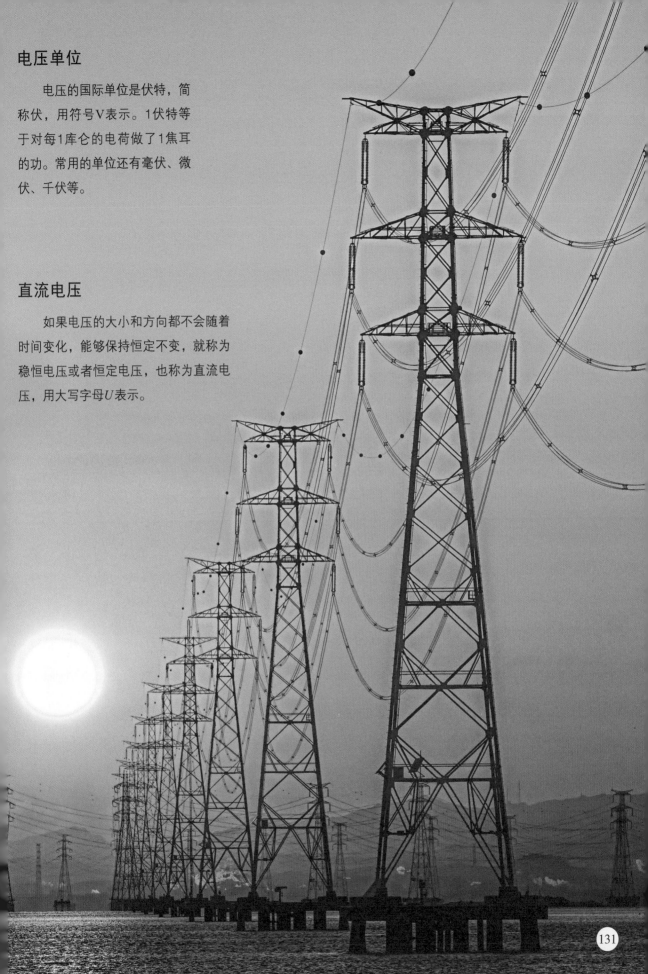

电压单位

电压的国际单位是伏特，简称伏，用符号V表示。1伏特等于对每1库仑的电荷做了1焦耳的功。常用的单位还有毫伏、微伏、千伏等。

直流电压

如果电压的大小和方向都不会随着时间变化，能够保持恒定不变，就称为稳恒电压或者恒定电压，也称为直流电压，用大写字母U表示。

交流电压

如果电压的大小和方向都会随着时间变化，那么这种电压就称为变动电压。一种最为重要的变动电压是正弦交流电压，它的大小和方向都会随着时间按正弦规律做周期性变化。交流电压的瞬时值要用小写字母u表示。

我的名字叫高电压，所以我的杀伤力非常大，和我的名字十分匹配呢！

高低电压

根据电气设备对地的电压值，可以将电压分为高电压和低电压。通常将额定1千伏以上的电压称为高电压，额定电压在1千伏以下的称为低压。

安全电压

安全电压是指人体较长时间接触而不致发生触电危险的电压。我国对工频安全电压规定了以下五个等级，即42V、36V、24V、12V和6V。

电位差计

电位差计是电磁学测量中用来直接精密测量电动势或者电位差的主要仪器之一。它的用途十分广泛，不但可以用来精确测量电动势、电压，与标准电阻配合时还可以精确测量电流、电阻和功率等。

安全电压满足条件

安全电压应该满足三个条件，首先标称电压不超过交流50V、直流120V，然后要由安全隔离变压器供电，最后安全电压电路要与供电电路及大地隔离。

电位差计结构

　　电位差计的主要结构组件有测量盘、工作电流调节盘、温度补偿盘、测量选择开关、极性变换开关、量限变换开关、电键按钮、接线端钮、面板、屏蔽层及外壳等。

> 我的每一个小部件都承担着重大的责任，无论少了谁都不行哦！

电位差计优点

　　电位差计的优点是在测量的时候几乎不消耗被测对象的能量，不会影响被测量的数值，测量结果稳定可靠，而且具有很高的精度。

电阻

　　物理学中用电阻表示导体对电流阻碍作用的大小。导体的电阻越大，表示导体对电流的阻碍作用越大。电阻是导体本身的一种性质，不同的导体，电阻一般不同。

电阻的形成

　　金属导体中的电流是自由电子定向移动形成的。自由电子在运动中要与金属正离子频繁碰撞，每秒钟的碰撞次数高达10^{15}次左右。这种碰撞阻碍了自由电子的定向移动，而电阻就是表示这种阻碍作用的物理量。

电阻公式

　　电阻是描述导体导电性能的物理量，用R表示。它的单位是欧姆，简称欧，符号为Ω。电阻由导体两端的电压U与通过导体的电流I的比值来定义，公式为$R=U/I$。

电阻率

　　电阻率是用来表示各种物质电阻特性的物理量，某种材料制成的长为1米，横截面积为1平方米的导体的电阻，在数值上等于这种材料的电阻率。它反映了物质对电流阻碍作用的属性，与物质的种类有关，还会受到温度的影响。

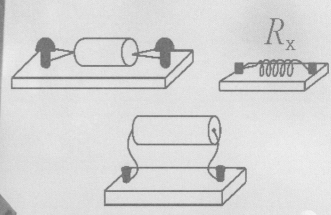

超导现象

超导是指某些物质在一定温度条件下，一般为较低温度时，电阻降为零的性质。在实验中，若导体电阻的测量值低于$10^{-25}\Omega$，可以认为电阻为零。

看到我的名字你就知道我很不一般，虽然我因此有点傲娇，但是我依然会给你提供帮助哦！

零电阻效应

零电阻效应其实就是超导现象，当它出现的时候，导体的电阻就会消失，电流流经超导体时就不发生热损耗，电流可以毫无阻力地在导线中形成强大的电流，产生超强磁场。

电流含义

电学上规定：正电荷定向流动的方向为电流方向。工程中以正电荷的定向流动方向为电流方向，电流的大小则以单位时间内流经导体截面的电荷Q来表示其强弱，称为电流强度，简称电流，电流符号为I，单位是安培（A），简称"安"。

迈斯纳效应

迈斯纳效应是超导体从一般状态相变至超导态的过程中对磁场的排斥现象，它可以用来判别物质是否具有超导性，具有十分重要的意义。

超导材料应用

超导材料和超导技术的应用前景十分广阔，人们可以借助超导现象中的迈斯纳效应帮助制造超导列车和超导船，超导材料的零电阻特性可以用来输电和制造大型磁体。尽管在技术上仍然有一定阻碍，但是日后必将引发一次革命。

阅读大视野

1933年德国物理学家迈斯纳和奥森菲尔德对锡单晶球超导体做磁场分布测量时发现，在小磁场中把金属冷却进入超导态时，体内的磁力线一下被排出，磁力线不能穿过它的体内，也就是说超导体处于超导态时，体内的磁场恒等于零。这就是迈斯纳效应。

电磁学定律

电磁学的发展离不开各项定律，这些定律在很大程度上帮助人们进一步发掘了电磁学的本质和彼此之间的联系，为人们生产生活的发展做出了重要贡献，意义重大。

欧姆定律

欧姆定律是指在同一电路中，通过某一导体的电流跟这段导体两端的电压成正比，跟这段导体的电阻成反比。它是德国物理学家乔治·西蒙·欧姆在1826年4月发表的《金属导电定律的测定》论文中提出的。

伏安特性曲线

欧姆定律成立时，以导体两端电压U为横坐标，导体中的电流I为纵坐标所做出的曲线，称为伏安特性曲线。伏安特性曲线是针对导体的，常常被用来研究导体电阻的变化规律，是物理学常用的图像法之一。

南磁

地理南极

北磁极

地理北极

11,5°

欧姆定律适用范围

欧姆定律有一定的适用范围，一般只有在纯电阻电路中才有效，如金属导电和电解液导电，在气体导电和半导体元件等中欧姆定律将不适用。

不是什么环境都可以包容我的，所以你一定要记住我的适用范围，不然会酿成大错哦！

欧姆定律应用领域

在电机工程学和电子工程学里，欧姆定律妙用无穷，因为它能够在宏观层次表达电压与电流之间的关系，即电路元件两端的电压与通过的电流之间的关系。在物理学和凝聚态物理学中它也占有一席之地。

欧姆定律影响

欧姆定律及其公式的发现，给电学的计算，带来了很大的方便，在电学史上是具有里程碑意义的贡献。1854年欧姆与世长辞。十年之后英国科学促进会为了纪念他，将电阻的单位命名为欧姆。

库仑定律

库仑定律的常见表述为真空中两个静止的点电荷之间的相互作用力，与它们电荷量的乘积成正比，与它们距离的二次方成反比，作用力的方向在它们的连线上，同名电荷相斥，异名电荷相吸。

库仑定律数学表达式

库仑定律数学表达式：$F=k\frac{q_1q_2}{r^2}$，其中 r 是两个点电荷之间的距离，k 为库仑常数，也就是静电力常量，当各个单位采用国际单位制的时候，$k=9.0C\times10^{19}Nm^2/C^2$。用该公式计算时，计算过程可用绝对值计算，然后根据同名电荷相斥，异名电荷相吸来判断力的方向。

库仑定律适用范围

在库仑定律的常见表述中，通常会有真空和静止，是因为库仑定律的实验基础，也就是扭秤实验为了排除其他因素的影响，是在亚真空中做的。实际上库仑定律不仅在真空中适用，在均匀介质中和静止的点电荷之间也同样适用。

库仑定律适用于场源电荷静止、受力电荷运动的情况，但不适用于运动电荷对静止电荷的作用力。因为运动电荷除了激发电场外，还要激发磁场。所以静止的电荷受到的由运动电荷激发的电场产生的电场力不遵守库仑定律。

尽管我为你们的事业竭尽全力，但是我不是万能的，只能帮到这里了，继续努力吧！

库仑定律局限性

库仑定律没有解决电荷间相互作用力是如何传递的，甚至根据它的内容，库仑力不需要接触任何媒介，也不需要时间，而是直接从一个带电体作用到另一个带电体上的，这后来被证实是不成立的。

电荷守恒定律

电荷守恒定律是物理学的基本定律之一。它指出对于一个孤立系统而言，不管发生什么变化，其中所有电荷的代数和永远保持不变。电荷守恒定律表明，如果某一区域中的电荷增加或者减少了，那么一定会有等量的电荷进入或者离开这个区域。如果在一个物理过程中产生或者消失了某种电荷，那么一定有等量的异号电荷同时产生或者消失。

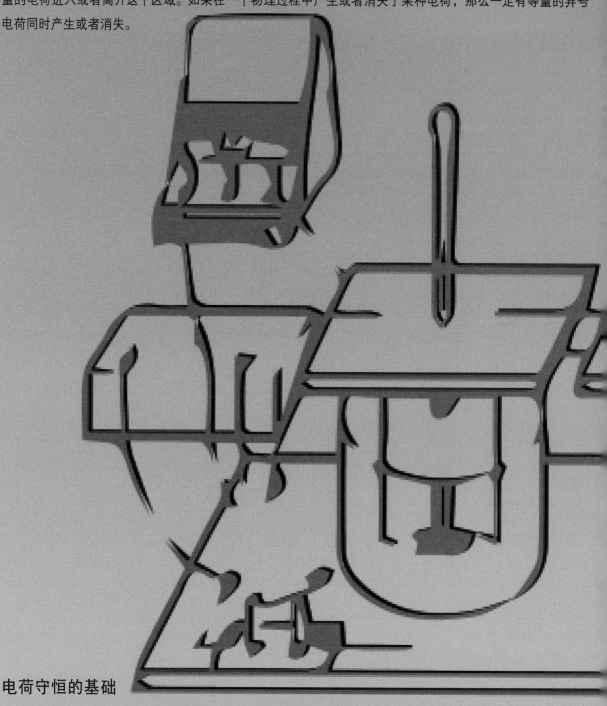

电荷守恒的基础

守恒定律建立于一个基础原则之上，那就是电荷不能独自生成与湮灭。假设带正电粒子接触到带负电粒子，两个粒子带有电量相同，因为两者的互相接触，两个粒子变为中性，这种物理行为是合理与被允许的。但是任何粒子不能独自地改变电荷量。

焦耳定律

焦耳定律是定量说明传导电流将电能转换为热能的定律。它的内容是电流通过导体产生的热量跟电流的二次方成正比，跟导体的电阻成正比，跟通电的时间成正比。

不管在什么样的电路中，我都能够发挥作用，我简直就是一个百年难遇的奇才啊！

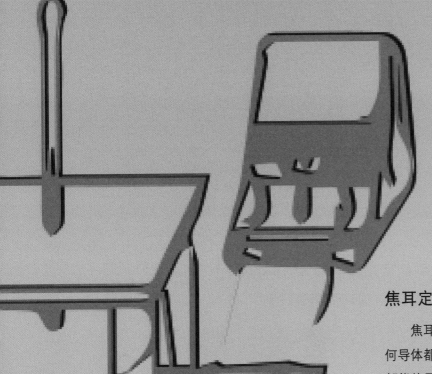

焦耳定律数学表达式

焦耳定律的数学表达式：$Q=I^2Rt$。其中Q指热量，单位是焦耳。I指电流，单位是安培。R指电阻，单位是欧姆。t指时间，单位是秒，以上单位全部用的是国际单位制中的单位。

焦耳定律适用范围

焦耳定律是一个实验定律，对于任何导体都适用，范围很广，所有的电路都能使用。使用焦耳定律公式进行计算时，公式中的各物理量要对应于同一导体或者同一段电路，与欧姆定律使用时的对应关系相同。

在电路中的应用

　　焦耳定律在串联电路中的运用：在串联电路中，电流是相等的，则电阻越大时，产生的热越多。焦耳定律在并联电路中的运用：在并联电路中，电压是相等的，通过变形公式可以知道，当电压一定时，电阻越大，产生的热越少。

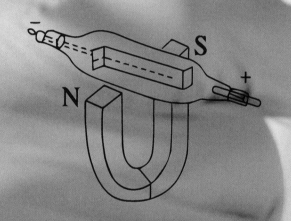

洛伦兹力

　　运动电荷在磁场中所受到的力称为洛伦兹力，表示磁场对运动电荷的作用力。荷兰物理学家洛伦兹首先提出了运动电荷产生磁场和磁场对运动电荷有作用力的观点，为了纪念他，人们将这种力命名为洛伦兹力。

洛伦兹力性质

　　洛伦兹力方向总与运动方向垂直。洛伦兹力永远不做功。洛伦兹力不改变运动电荷的速率和动能，只能改变电荷的运动方向使之偏转。

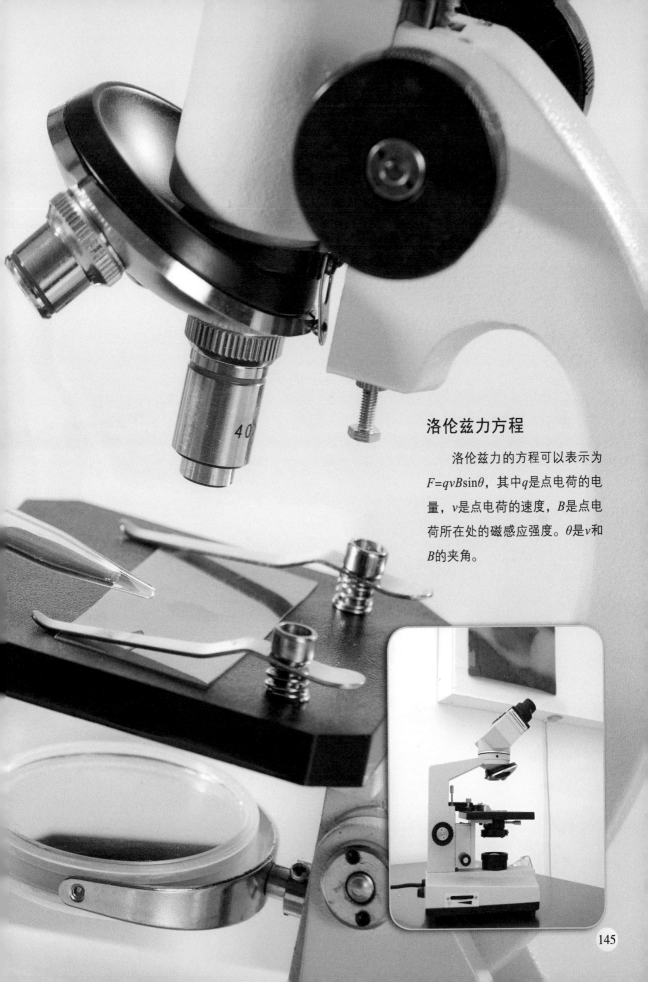

洛伦兹力方程

洛伦兹力的方程可以表示为 $F=qvB\sin\theta$，其中 q 是点电荷的电量，v 是点电荷的速度，B 是点电荷所在处的磁感应强度。θ 是 v 和 B 的夹角。

洛伦兹力适用范围

洛伦兹力既适用于宏观电荷，也适用于微观电荷粒子。导体回路在恒定磁场中运动，使其中磁通量变化而产生的动生电动势也是洛伦兹力的结果，洛伦兹力是产生动生电动势的非静电力。

洛伦兹力应用

在许多科学仪器和工业设备，例如β谱仪、质谱仪、粒子加速器、电子显微镜、磁镜装置和霍尔器件中，洛伦兹力都有广泛应用。

我在你的生活中扮演着重要的角色，你可不要因为我变换了形态就认不出我呀！

洛伦兹力重要性

洛伦兹力公式和麦克斯韦方程组以及介质方程一起构成了经典电动力学的基础，为后来人们的进一步研究打下了基础，具有十分重要的意义。

左手定则

左手定则是判断通电导线处于磁场中时，所受安培力F或者运动的方向、磁感应强度B的方向以及通电导体棒的电流I三者方向之间的关系的定律。

左手定则具体操作

将左手的食指，中指和拇指伸直，使其在空间内相互垂直。食指方向代表磁场的方向（从N级到S级），中指代表电流的方向（从正极到负极），那么拇指所指的方向就是受力的方向。

判断安培力

导线在磁场中力的方向。根据左手定则，伸开左手，使拇指与其他四指垂直且在一个平面内，让磁感线从手心流入，四指指向电流方向，大拇指指向的就是安培力方向。

判断洛伦兹力

将左手掌摊平，让磁感线穿过手掌心，四指表示电流方向，那么和四指垂直的大拇指所指方向就是洛伦兹力的方向。如果运动电荷是正的，大拇指的指向就是洛伦兹力的方向。如果运动电荷是负的，那么大拇指的指向的反方向就是洛伦兹力方向。

我的方向和运动电荷是正是负有很大关系，如果你忘了这件事，就等着吃亏吧！

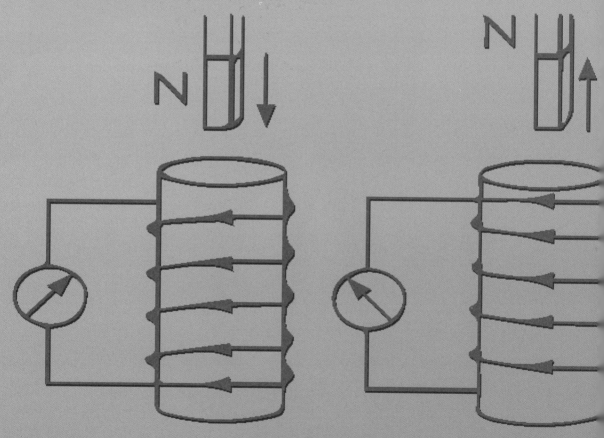

楞次定律

楞次定律是指感应电流具有这样的方向，即感应电流的磁场总要阻碍引起感应电流磁通量的变化。楞次定律还可以表述为：感应电流的效果总是反抗引起感应电流的原因。

楞次定律的发现

　　楞次定律是一条电磁学的定律，可以用它来判断由电磁感应而产生的电动势的方向。它是由俄国物理学家海因里希·楞次在1834年发现的。

楞次定律的实质

　　楞次定律表述方式有很多种，但是它们的实质是相同的，即产生感应电流的过程必须遵守能量守恒定律，如果感应电流的方向违背楞次定律规定的原则，那么永动机就是可以制成的。

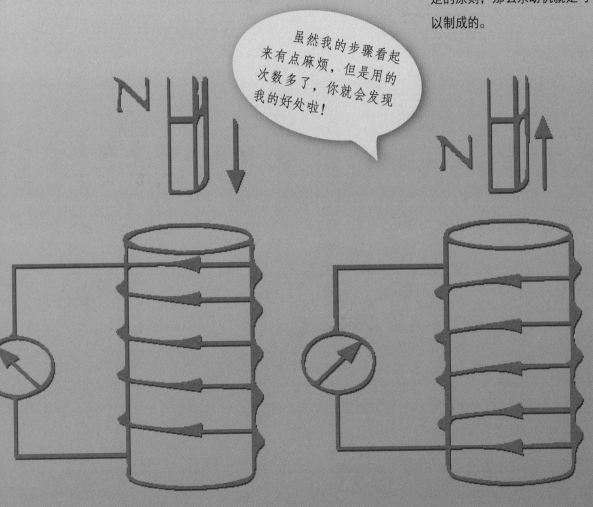

判断感应电流方向

　　可以按照下列顺序判断感应电流的方向。首先明确原磁场的方向，以及磁通量是增加还是减少。然后根据楞次定律表述确定回路中感应电流在该回路中产生磁通的方向。最后根据安培定则，由感应电流磁通的方向确定感应电流的方向。

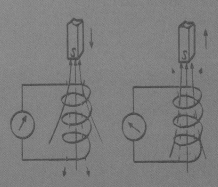

安培定则

安培定则，也叫右手螺旋定则，是表示电流和电流激发磁场的磁感线方向之间关系的定则。安培定则是磁作用的基本实验定律，它决定了磁场的性质，提供了计算电流相互作用的途径。

安培定则内容

安培定则的内容是假设用右手握住通电导线，大拇指指向电流方向，那么弯曲的四指就表示导线周围的磁场方向。假设用右手握住通电螺线管，弯曲的四指指向电流方向，那么大拇指的指向就是通电螺线管内部的磁场方向。

安培定则应用

安培定则可以用来找到两个矢量叉积的方向。比如它可以找出一个正在进行转动运动的物体，其角速度和此物体内部任何一点的转动速度，载流导线在四周所产生的磁场，移动于磁场的带电粒子所感受到的洛伦兹力等。

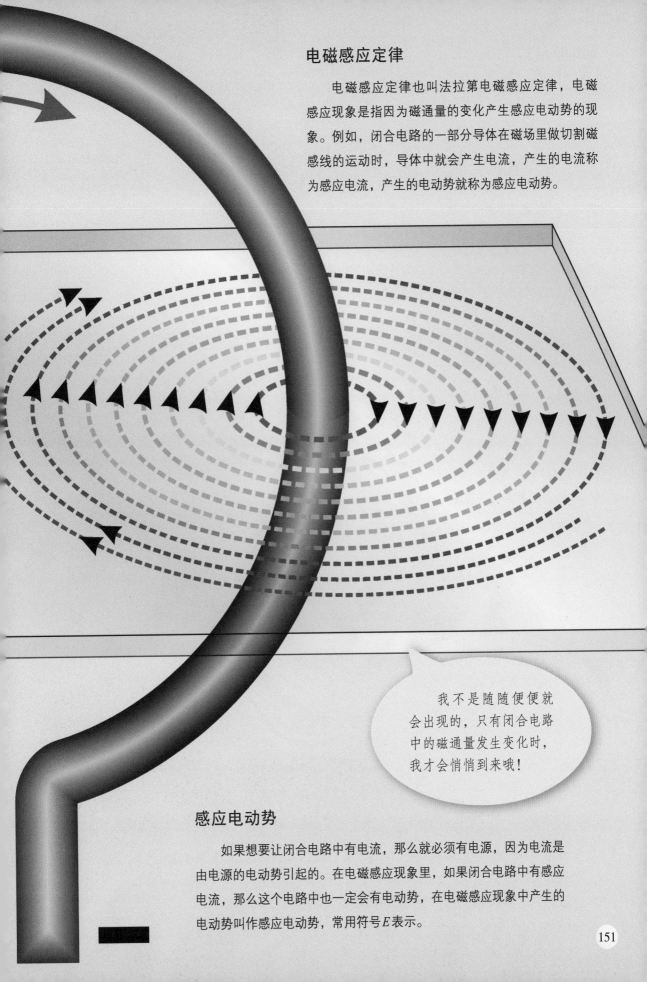

电磁感应定律

　　电磁感应定律也叫法拉第电磁感应定律，电磁感应现象是指因为磁通量的变化产生感应电动势的现象。例如，闭合电路的一部分导体在磁场里做切割磁感线的运动时，导体中就会产生电流，产生的电流称为感应电流，产生的电动势就称为感应电动势。

我不是随随便便就会出现的，只有闭合电路中的磁通量发生变化时，我才会悄悄到来哦！

感应电动势

　　如果想要让闭合电路中有电流，那么就必须有电源，因为电流是由电源的电动势引起的。在电磁感应现象里，如果闭合电路中有感应电流，那么这个电路中也一定会有电动势，在电磁感应现象中产生的电动势叫作感应电动势，常用符号 E 表示。

动生电动势

动生电动势是导体以垂直于磁感线的方向在磁场中运动，在同时垂直于磁场和运动方向的两端产生的电动势，它的方向可以用右手定则判断。

右手定则具体操作

伸开右手，使拇指与其余四个手指垂直，并且都与手掌在同一平面内；让磁感线从手心进入，并使拇指指向导线运动方向，这时四指所指的方向就是感应电流的方向，也就是动生电动势的方向。

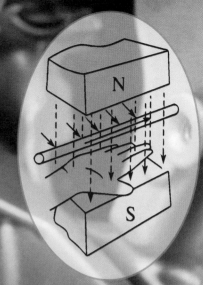

右手定则注意事项

应用右手定则时要注意对象是一段直导线，当然也可以应用在通电螺线管上，而且速度v和磁场B都要垂直于导线，v与B也要垂直。

> 我和动生电动势是好兄弟，不过我们两个负责的领域不同，你不要记错哦！

感生电动势

当线圈（导体）不动而磁场发生变化的时候，穿过回路的磁通量也会发生变化，由此在回路中激发的电动势称为感生电动势，它的方向符合楞次定律。右手拇指指向磁场变化的反方向，四指握拳，四指方向即为感生电动势方向。

重要意义

电磁感应现象是电磁学中最重大的发现之一，它揭示了电、磁现象之间的相互联系，对麦克斯韦电磁场理论的建立具有重大意义。

感应电动实际应用

人们根据电磁感应的原理，制造出了发电机，使电能的大规模生产和远距离输送成为可能。而电磁感应现象在电工技术、电子技术以及电磁测量等方面都有广泛的应用。人类社会从此迈进了电气化时代。

发电机

当永久性磁铁相对于导电体运动时，或者导电体相对于永久性磁铁运动时，就会产生电动势。如果电线这时连着电负载的话，电流就会流动，并因此产生电能，把机械运动的能量转变成电能。鼓轮发电就是依据这个原理制造出来的。

变压器

　　法拉第电磁感应定律所预测的电动势，是变压器的运作原理。当线圈中的电流转变时，转变中的电流会生成转变中的磁场。经过一系列过程后会产生感应电动势或者变压器电动势。如果线圈两端连接着一个电负载的话，电流就会流动。

电磁测量计

　　电磁测量计是随着电子技术的发展而迅速发展起来的新型流量测量仪表。它是应用电磁感应原理，根据导电流体通过外加磁场时的感生电动势来测量导电流体流量的一种仪器。

高斯定律

高斯定律属物理定律。在静电场中，穿过任何一个封闭曲面的电场强度通量只与封闭曲面内电荷的代数和有关，且等于封闭曲面电荷的代数和除以真空中的电容率。

我又神秘又高深，对物理没有什么了解的人是没有本事让我乖乖听话的啊！

$d\vec{S}$

$\vec{E}$

阅读大视野

法拉第电磁感应定律是在法拉第1831年所做实验的基础上诞生的。约瑟·亨利大约与法拉第同时发现这个效应，但是法拉第的发表时间较早。而俄国物理学家海因里希·楞次在概括了大量实验事实的基础后，总结出一条判断感应电流方向的规律，称为楞次定律。

电功率

现在很多家庭都有太阳能热水器，太阳能热水器是怎样工作的，又是怎样让水变热的呢？这其中到底有什么秘密，让我们仔细思考一下吧！

电能

电能是指使用电以各种形式做功的能力。电能既是一种经济、实用、清洁且容易控制和转换的能源形态，又是电力部门向电力用户提供由发、供、用三方共同保证质量的一种特殊产品。

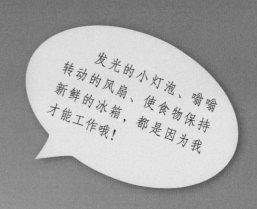

发光的小灯泡、嗡嗡转动的风扇、使食物保持新鲜的冰箱，都是因为我才能工作哦！

电能应用领域

电能被广泛应用在动力、照明、化学、纺织、通信、广播等各个领域，是科学技术发展、人民经济飞跃的主要动力。电能在我们的生活中起到重大的作用。

能量转换

日常生活中使用的电能，主要来自其他形式能量的转换。包括水能、热能、原子能、风能及光能等，都分别可以通过水力发电、火力发电、核电、风力发电及太阳能电池等转换而来。

电能表

电能表又称电度表，是用来测量电能的仪表。使用电能表时要注意，在低电压和小电流的情况下，电能表可以直接接入电路进行测量。在高电压或者大电流的情况下，电能表不能直接接入线路，需要配合电压互感器或者电流互感器使用。

电能单位

电能的单位是度，它的学名叫作千瓦时，符号是kW·h。在物理学中，更常用的能量单位，或者说国际单位是焦耳，简称焦，符号是J。

电能表类别

电能表按其使用的电路可分为直流电能表和交流电能表。交流电能表按其相线又可分为单相电能表、三相三线电能表和三相四线电能表。

电子式电能表

具有单一电能计量功能的机械电能表难以同时胜任分时计量、负荷控制、参数预置、测量数据的采集、存储及实时传输等多种功能，因此全电子式新型计量器具应运而生。

机械电能表

机械电能表，也叫作感应式电能表，它的种类、型号尽管很多，但是它们的结构基本相似，都是由测量机构、补偿调整装置和辅助部件，包括外壳、机架、端钮盒、铭牌等组成。

159

多功能电能表

多功能电能表一般都有计量及存储功能、监视功能、控制功能、管理功能等功能，便于分析客户电力负荷曲线防止其窃电行为，实现与外界的远程数据交换等。

上面说的功能只不过是我用处的一部分，只有用了我你才知道我有多好呢！

用电计算方法

电能表的示数由四位整数和一位小数组成。电能表的计量器上前后两次读数之差，就是这段时间内用电的度数。但是要注意电能表示数的最后一位是小数。

重要参数的意义

电能表上面标示的"220V"表示电能表应该在220V的电路中使用。"10（20A）"表示这个电能表的标定电流为10A，额定最大电流为20A。

电能表上面标示的"50Hz"表示它在50赫的交流电路中使用。"600revs/kW·h"表示接在这个电能表上的用电器，每消耗1千瓦时的电能，电能表上的转盘转过600转。

电能重要意义

电能的利用是第二次工业革命的主要标志，从此人类社会进入电气时代，电能指电以各种形式做功的能力，所以有时也叫电功。它分为直流电能、交流电能、高频电能等，这几种电能都可以相互转换。

电功率

电流在单位时间内做的功叫作电功率。它是用来表示消耗电能快慢的物理量，用P表示，它的单位是瓦特，简称"瓦"，符号是W。

电功率数学表达式

一个用电器功率的大小数值上等于它在1秒内所消耗的电能。如果一个用电器在"t"这么长时间内消耗的电能为"W"，那么这个用电器的电功率就是$P=W/t$。

额定功率

电器的额定功率是指用电器正常工作时的功率。它的值是用电器的额定电压乘以额定电流。如果用电器的实际功率大于额定功率，那么用电器就有可能损坏。如果实际功率小于额定功率，那么用电器无法正常运行。

我就是一个用电器使用的最大限额了，若要想超过我，就会受到惩罚哦！

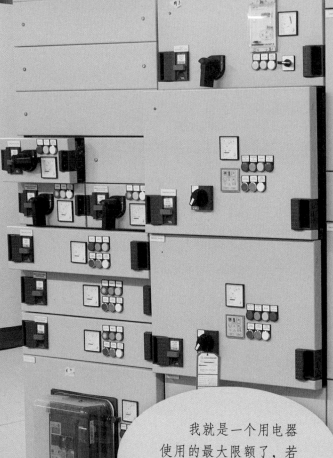

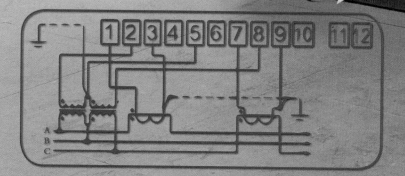

实际功率

实际功率是描述用电设备在实际用电过程中单位时间内所消耗的能量。用电器在实际工作的时候，两端的电压可能等于或者小于额定电压，而它在实际工作电压下消耗的功率就是实际功率。

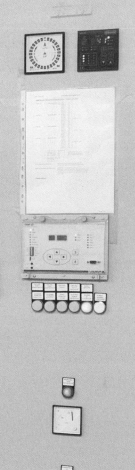

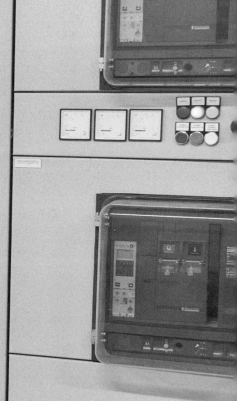

瞬时功率

瞬时功率是指物理学中电路在瞬时吸收的功率。它的大小等于瞬时电压和电流瞬时值的乘积。瞬时功率是电力系统中非线性负荷造成电压、电流的波形相对于标准正弦波发生畸变导致的。

阅读大视野

焦耳在热学、热力学和电等方面有杰出的贡献，因此皇家学会授予他最高荣誉的科普利奖章。而后人为了纪念他，把能量或者功的单位命名为"焦耳"，简称"焦"，并用焦耳姓氏的第一个字母"J"来标记热量以及"功"的物理量。

电磁学的分类

电和磁之间的联系十分紧密，很难独立开看待，电磁学和电学的内容也难以截然划分，而"电学"有时也就作为"电磁学"的简称。

你知道为什么有的时候你触碰到别人的手指会感觉到疼痛吗？那是我在发威呢！

静电学

静电学是研究静止电荷产生电场及电场对电荷作用规律的学科。静电是指静电荷，是指电荷静止时的状态，而静止电荷所构成的电场称为静电场，是指不会随时间变化的电场。

摩擦起电效应

摩擦起电是一种接触起电效应。在摩擦起电里，两种不同的物质，经过接触、摩擦、分开，会从原本的中性变为带电体，其中一种物质会带正电，另外一种物质会带同样大小的负电。

静磁学

静磁学是研究电流稳恒时产生磁场以及磁场对电流作用力的学科。电流之间存在磁的相互作用，这种磁相互作用是通过磁场传递的，即电流在其周围的空间产生磁场，磁场对放置其中的电流施以作用力。

磁场

磁场是指传递实物间磁力作用的场。磁场是一种看不见、摸不着的特殊物质，是客观存在的。它具有波粒的辐射特性。磁体周围存在磁场，磁体间的相互作用通常以磁场作为媒介。

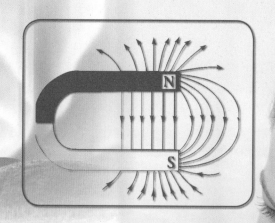

磁场基本特征

磁场的基本特征是能对其中的运动电荷施加作用力，也就是说通电导体在磁场中会受到磁场的作用力。磁场对电流、对磁体的作用力都来源于此。

磁感应强度

磁感应强度也被称为磁通量密度或者磁通密度，是描述磁场强弱和方向的物理量，常用符号 B 表示，国际通用单位为特斯拉，符号为 T。磁场的强弱可以用磁感应强度表示，磁感应强度越大，磁场越强。磁感应强度越小，磁场越弱。

磁场方向

规定小磁针的北极在磁场中某点所受磁场力的方向为该点磁场的方向。在磁体外部，磁感线从北极出发到南极的方向，在磁体内部是由南极到北极。

> 偷偷告诉你，有的时候你身体里的组织和器官也会产生一些微弱的磁场呢！

应用领域

在现代科学技术和人类生活中，处处都能遇到磁场。发电机、电动机、变压器、电报、电话、收音机以及加速器、热核聚变装置、电磁测量仪表等都与磁现象密切相关。

电磁场

　　电磁场是相互之间有内在联系、相互依存的电场和磁场的统一体和总称。随时间变化的电场产生磁场，随时间变化的磁场产生电场，两者互为因果，形成电磁场。

电磁波

　　电磁波是由同向振荡且互相垂直的电场与磁场在空间中衍生发射的震荡粒子波，是以波动的形式传播的电磁场，具有波粒二象性。从科学的角度来说，凡是温度高于绝对零度的物体，都会释出电磁波。

地磁场

地磁场是从地心至磁层顶空间范围内的磁场，它是地球内部存在的天然磁性现象。地球可以视为一个磁偶极，其中一极位在地理北极附近，另一极位在地理南极附近。

地磁场组成

地磁场包括基本磁场和变化磁场两个部分。基本磁场是地磁场的主要部分，起源于固体地球内部，比较稳定，属于静磁场部分。变化磁场包括地磁场的各种短期变化，主要起源于固体地球外部，相对比较微弱。

磁暴

正常情况下的地磁要素发生急剧变化就会引起磁暴。发生磁暴时，地球上会出现许多奇异的现象。比如在漆黑的北极上空会出现美丽的极光，指南针会摇摆不定，无线电短波广播突然中断，依靠地磁场"导航"的鸽子也会迷失方向，四处乱飞等。

电磁测量

电磁测量也是电学的组成部分。测量技术的发展与学科的理论发展有着密切的联系，理论的发展推动了测量技术的改进；测量技术的改善在新的基础上验证理论，并促成新理论的发现。

虽然我充满了魅力，但是我也很危险，你在研究我的时候，一定要注意安全啊！

电磁学重要实验

电磁学从原来互相独立的两门科学发展成为物理学中一个完整的分支学科，主要是基于两个重要的实验发现，即电流的磁效应和变化的磁场的电效应。

电磁学

　　电磁学是研究电和磁的相互作用现象及其规律和应用的物理学分支学科。根据近代物理学的观点，磁的现象是由运动电荷所产生的，因而在电学的范围内必然不同程度地包含磁学的内容。

实验意义

　　电流的磁效应和变化的磁场的电效应两个实验现象，加上麦克斯韦关于变化电场产生磁场的假设，奠定了电磁学的整个理论体系，使得对现代文明起重大影响的电工和电子技术飞速发展。

磁场电效应

　　磁场电效应是指载流导体处于磁场中时所发生的物理现象。磁场电效应与热磁效应紧密相关。这两种效应都产生出有关金属和半导体的带结构和导电过程特性的重要知识。

电磁学时代

奥斯特于1820年7月21日发表题为《关于磁针上电流碰撞的实验》的论文，十分简洁地报告了他的实验，向科学界宣布了电流的磁效应。1820年7月21日作为一个划时代的日子载入史册，它揭开了电磁学的序幕，标志着电磁学时代的到来。

电流碰撞

奥斯特当时把电流对磁体的作用称为"电流碰撞"，他总结出了两个特点：一是电流碰撞存在于载流导线的周围；二是电流碰撞"沿着螺纹方向垂直于导线的螺纹线传播"。奥斯特实验证实了电流所产生的磁力的横向作用。

只有坚持不懈地探求，才有机会摘下成功的果实，你不要轻易放弃哦！

电流的磁效应

任何通有电流的导线，都可以在其周围产生磁场的现象，称为电流的磁效应。丹麦物理学家汉斯·奥斯特坚信客观世界的各种力具有统一性，并开始对电、磁的统一性的研究。

霍尔效应

　　磁场电效应包括霍尔效应，也就是将通电流的导体置于与电流方向相垂直的磁场中时，将产生一电场E，E的方向与电流方向和磁场方向相垂直。$E=RIH$，式中I为电流密度，H为磁场强度，R_H为霍尔常数。

磁阻效应

　　磁阻效应是指对通电的导体或半导体施加磁场时，导体和半导体的电阻将发生变化。普通金属在室温下，这种电阻变化为千分之几，铁磁性金属为百分之几，半导体的磁致电阻要大得多，而且与杂质浓度和温度有显著的关系。

厄廷好森效应

　　厄廷好森效应是通电导体处于与电流方向相垂直的磁场中时，在垂直于电流和磁场的方向上出现温度落差现象。能斯特效应是通电导体处于与电流方向相垂直的磁场中时，在沿电流的方向上出现温度落差现象，亦称磁电效应。

阅读大视野

　　2019年在量子控制方面最新发现：光诱导无能隙超导，超导电流的量子节拍。光诱导的超导电流为电磁设计量子工程应用的涌现，材料特性和集体相干震荡开辟了一条前进的道路，这一发现可以帮助物理学家通过推动超电流，创造出速度极快的量子计算机。

力学

力学是一门独立的基础学科，是有关力、运动和介质，宏观、细观、微观力学性质的学科。力学的研究以机械运动为主，可以说是力和机械运动的科学。

弹力

　　弹力，亦称"弹性力"，物体受外力作用发生形变后，如果撤去外力，物体能恢复原来形状的力，叫作"弹力"。它的方向一般与使物体产生形变的外力方向相反。

弹性形变

　　物体在力的作用下发生的形状或者体积的改变叫作形变。在外力停止作用之后，能够使物体恢复原状的形变就叫作弹性形变。

弹力

　　发生形变的物体，由于要恢复原状，就会对跟它接触的物体产生力的作用，这种作用叫弹力。也就是在弹性限度范围之内，物体对使物体发生形变的施力物产生的力叫弹力。

弹力的产生

弹力是接触力，它只能存在于物体相互接触的地方，但是相互接触的物体之间，不一定有弹力的作用。因为弹力的产生不仅需要接触，还需要有相互作用。

虽然我有我的专属称谓，但是我依然是"弹力大哥"手下的一分子，忠心得很呢！

拉力

我们通常所说的拉力实际上就是弹力。绳的拉力是绳对所拉物体的弹力，方向总是沿着绳而指向绳收缩的方向。压力和支持力实际上也是弹力。

弹力的方向

　　弹力的方向通常情况下总是与物体形变的方向相反。具体的情况分为几种。一般说来，绳的弹力方向沿绳指向绳收缩的方向。

压力和支持力的方向

　　压力、支持力的方向总是与接触的面垂直，面与面接触，点与面接触，都是垂直于面。点与点的接触要找到这两个接触点的公切面，弹力垂直于这个公切面指向被支持物。

弹簧测力计

弹簧测力计是一种用来测量力大小的工具，运用于物理力学，它主要是由弹簧、挂钩、刻度盘等构成，在使用前和使用中要注意一些事项。

使用前注意事项

在使用弹簧测力计之前，要反复拉动弹簧，防止弹簧卡住、摩擦、碰撞。要知道测量力的最大范围是多少。同时还要明确分度值，知道每一大格，最小一格表示多少牛。最后要检查指针是否对齐零刻度线，如果没有对齐，需要调节至对齐。

使用中注意事项

使用弹簧测力计的时候，要注意不能超量程使用，因为超量程使用可能会损坏弹簧测力计，并且造成塑性形变，导致错误。还会无法测出准确的力。

你一定要记好使用前和使用中的注意事项，不然我会让你没有办法测出准确的力哦！

在测量力大小的时候，要让弹簧测力计内的弹簧轴线方向跟所测力的方向在一条直线上，且弹簧不能靠在刻度盘上。最后读数的时候要注意视线与刻度盘垂直。

误差原因

如果弹簧测力计指针在零刻度线以上或者以下，这时候没有把指针调节至0，就会产生误差。指针在零刻度线以上，测出来的力比实际的力小，在零刻度线以下，测出来的力比实际的力大。如果弹簧测力计侧放，会使测量数值偏小。

二力杆件

　　二力杆件，即只有杆的两端受力，中间不受力，同时杆本身的重力也忽略不计的情况下，弹力一定会沿着杆的方向。一般杆件，受力较为复杂，需要根据具体条件分析。

弹力和弹性形变的联系

　　在弹性限度内，形变越大，弹力也就越大；形变消失，弹力就会随之消失。对于拉伸形变或者压缩形变来说，当伸长的长度越大或者缩短的长度越大时，产生的弹力就会越大。

不过有的时候形变太大，我没有办法恢复原来的样子，弹力也就一去不复返啦！

弯曲形变

　　物体弯曲时产生的形变叫作弯曲形变，一般情况下，弯曲的程度越厉害，产生的弹力就越大。比如将弓拉得越满，射出的箭越远。

扭转形变

由于物体扭转而发生的形变叫作扭转形变，比如在金属丝的下面挂一个横杆，用力扭转这个横杆，金属丝就会发生扭转形变，手放开，发生扭转形变的金属丝产生的弹力会把横杆扭回来。对于扭转形变来说，扭转得越厉害，产生的弹力就越大。

本质

弹力的本质是分子间的作用力。当物体被拉伸或者压缩的时候，分子间距离会发生变化，分子间的相对位置就会拉开或者靠拢，从而出现相吸或相斥的倾向，这就是宏观上我们能观察到的弹力。

塑性

当物体在受到足够大的外力作用时，就有可能发生永久性的形状改变，也就是在外力作用下材料发生不可逆的永久性形变的性能被称为范性，现在更多时候称为塑性。

塑性形变

塑性形变就是非弹性形变。物体受到外力作用而使各点间的相对位置发生变化，当外力撤销之后，物体不能恢复原状的现象称为"塑性形变"。

残余变形

通常情况下，工程材料以及构件受载超过弹性变形范围之后就会发生永久的变形，即卸除载荷后将出现不可自行恢复的变形，又称为残余变形，这就是塑性变形的一种现象。

你能不能用你灵巧的双手把橡皮泥捏成小猫，小狗，小鹿？你捏成之后它们就会保持那个样子不变，这就是塑性形变哦！

塑性材料

不是任何工程材料都具有塑性变形的能力。一般金属、塑料等都具有不同程度的塑性变形能力，因此被称为塑性材料。但是像玻璃、陶瓷、石墨等脆性材料就没有塑性变形能力。

塑性加工

在锻压、轧制、拔制等加工过程中，产生的弹性变形比塑性变形要小得多，通常忽略不计。这类利用塑性变形而使材料成形的加工方法，统称为塑性加工。

我已经是一名老员工了，据说最早在公元前2200年的青铜时代就已经出现并开始为你们服务了呢！

超塑性

超塑性是指材料在一定的内部条件和外部条件下，呈现出异常低的流变抗力、异常高的流变性能的现象。超塑性的特点包括大延伸率，无缩颈，小应力，易成形。

阅读大视野

有"空中芭蕾"之称的蹦床其实就是借助了蹦床的弹性，使人体腾高之后完成各种高难度的动作。它不仅能够刺激心脏，推动血液进入大脑，补充大脑的含氧量，还能够有效改善血管机能，增加起搏能力，排出血液中的废物。

重力

地球上的人们能够在地面上自如行走，但如果上了月球，走路就要小心了，因为你只要轻轻一迈步，就能够飞出去五六步远。这到底是因为什么呢？原来这是重力在作祟。让我们一起了解神秘的重力吧！

重力

由于地球的吸引而使物体受到的力就是重力，重力的施力物体是地球，方向总是竖直向下。受力物体是地球上或者是地表附近的物体。

重力大小

地面上同一点的物体受到的重力大小跟物体的质量m成正比。当m一定时，物体所受重力的大小与重力加速度g成正比，用关系式$G=mg$表示。

G

重力方向

　　重力的方向总是竖直向下，但是不一定是指向地心的，这和万有引力有一定的关系。一般只有在赤道和两极的时候，重力的方向才会指向地心。

重力加速度

　　通常情况下，在地球表面附近重力加速度的大小约为9.8N/kg，它表示质量1kg的物体受到的重力是9.8N。这个数值是一个平均值。在赤道上重力加速度的值最小，大约为9.79N/kg。而在两极上重力加速度的值最大，大约为9.83N/kg。

重心

　　物体的各个部分都受到重力的作用。但是，从效果上来看，我们可以认为各部分受到的重力作用都会集中于一点，这个点就是重力的等效作用点，叫作物体的重心。

重心的位置

　　重心的位置一般与物体的几何形状及质量分布有关。形状规则、质量分布均匀的物体，它的重心一般在它的几何中心，例如粗细均匀的棒的重心在它的中点，方形薄板的重心在两条对角线的交点。需要我们注意的是，有的时候重心并不在物体上。比如圆环的重心就在它的对称重心上面。

重心的变化

　　质量分布不均匀的物体，重心的位置除了与物体的形状有关外，还与物体内质量的分布情况有关。载重汽车的重心会随着装货数量和装载位置的变化而变化，起重机的重心也会随着物体重量和高度的提升而变化。

　　可以帮助确定重心的方法多种多样，快来看一看你知道哪一种吧！

重心的确定

　　质量均匀，形状也规则物体的重心通常容易确定，但是质量不均匀，形状也不规则的物体的重心就很难掌握，因此需要借助不同的方法进行确定。

悬挂法

这个方法只适用于不一定均匀的薄板。首先我们在物体上找一点，用一根细绳悬挂起来，划出物体静止后的重力线，之后再找一点悬挂，划出物体静止后的另外一条重力线，这两条重力线的交点就是物体重心。

支撑法

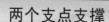

这种方法只适用于不一定均匀的细棒。我们可以先找到一个支点来支撑物体，然后不断变化位置，越稳定的位置，距离重心越近。

两个支点支撑

还有一种可能的变通方式是用两个支点支撑，然后施加较小的力使两个支点靠近，因为离重心近的支点摩擦力会大，所以物体会随之移动，使另一个支点更接近重心，这样就能找到重心的近似位置。

针顶法

这个方法只适用于薄板，我们需要先找到一根细针，然后用它顶住板子的下面，当我们发现板子已经趋于平衡的时候，针顶住的位置就是最接近重心的位置。

用铅垂线找重心

这个方法适用于质地均匀的任意图形的物体。我们先找到物体的一个端点，然后用绳子将它悬挂起来，然后用铅垂线挂在物体端点，将线描下来。之后重复上述操作，描出另外一条线，两条线的交点就是物体的重心。

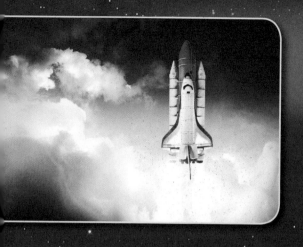

超重概念

　　超重是物体所受限制力，通常是拉力或者支持力大于物体所受重力的现象。当物体做向上加速运动或向下减速运动时，物体均处于超重状态。

超重现象

　　超重现象在发射航天器时十分常见，所有航天器以及其中的宇航员在刚开始加速上升的阶段都处于超重状态，他们对他们下方物体的压力是自身重力的几倍。

　　每一位宇航员在进行航天任务的时候都要承担这些可能的风险，好好锻炼身体，你才有可能去宇宙遨游哦！

纵向超重的影响

　　在纵向超重的作用下，由于静水压效应，会引起人体全身血液分布改变，使血液在下肢等人体低下部位滞留，导致回心血量减少，从而造成头部供血障碍，轻则引起视觉改变，重则导致意识丧失。

横向超重的影响

在横向超重的作用下，当视觉障碍和脑功能障碍还没有发生的时候，航天员就会感到呼吸困难、胸部疼痛。有的还可能出现心脏节律失调及氧饱和度降低等状况。

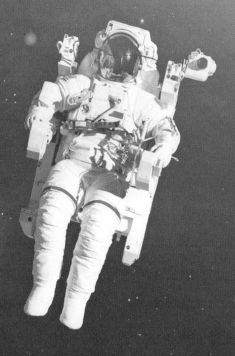

侧向超重的影响

侧向超重一般都是在宇航员搭载的飞船有偏航、滚转、俯仰等复合飞行的时候才会出现，作用时间并不太长。根据研究，轻微症状表现为影响跟踪动作，严重的时候可以引起内脏严重的撕裂损伤。

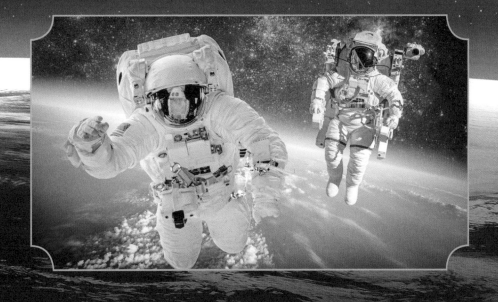

失重

物体对支持物的压力，或者对悬挂物的拉力小于物体所受重力的现象。当物体处于失重状态的时候，除了自身重力，不会受到任何外界重力场的影响。

失重现象

失重现象主要发生在轨道上或者太空中或者是进行抛物线飞行的飞机内，以及在其他一些不正常情况下，比如远离星球或者人的自由落体等。

完全失重

当物体向下的加速度等于g时，物体对支持物的压力或者对悬挂物的拉力等于0，这种现象叫作完全失重。完全失重现象发生后，载物与载体保持一定时间段内做同向等加速运动的情形称为完全失重状态。

完全失重的特征

判断某个载物是否完全失重的一个最重要标志就是，载体内部，载物各部分、各质点之间没有相互作用力，也就是没有拉力、压力、剪切力等任何应力。

完全失重实质

完全失重实际上只是一种理想状态，在实际的航天飞行中，航天器除了受到引力作用外，不时还会受到一些非引力的外力作用，因此达不到完全失重状态。

微重力

航天器在引力场中飞行时，受到的不是引力的力一般都很小，产生的加速度也很小。这种非引力加速度通常只有地面重力加速度的万分之一或者更小。而这种微加速度现象叫作微重力。

我只存在于你们的想象之中，因为只要在地球上，我都会受到天体的引力影响，逃也逃不掉啊！

失重的影响

失重的时候，人前庭器官中的耳石，不再与周围的神经细胞接触而向中枢神经传输信号，从而丧失定向功能。而前庭器官又与人体主管呼吸、消化、循环、排泄、发汗等功能的神经系统有密切关系。因此会引起航天飞行员产生头晕恶心、呕吐等症状。

对人体的危害

　　失重对内分泌、红白血球的数量、内耳平衡器官及骨质的疏松，都有一定程度的影响，但是最明显的生理失重状况是太空失水及其引起的一些症状，如太空贫血、内分泌降低、双腿肌肉萎缩等。

阅读大视野

　　宇航员长期处于失重环境之下，对身体会产生难以避免的影响，因此人们计划研究制造一种人造重力装置，它可以使飞船在飞行过程中每分钟旋转4圈，产生相当于1/3地球重力的人造重力，这样就能够减轻太空失重环境对宇航员身体的危害。

摩擦力

两个相互接触并挤压的物体，当它们发生相对运动或者具有相对运动趋势时，就会在接触面上产生阻碍相对运动或者相对运动趋势的力，这种力叫作摩擦力。

静摩擦力

一个物体在另一个物体表面上具有相对运动趋势，但是并没有发生相对运动时，所受到的阻碍物体相对运动趋势的力是静滑动摩擦力，简称静摩擦力。

你一定要记住下面的四个条件，不管少了哪一个，我就不是我了啊！

静摩擦力产生的条件

静滑动摩擦力的产生条件大概有四个，首先接触面必须是粗糙的，其次两个物体要互相接触且相互间有作用力，然后物体间有相对运动的趋势，且这两个物体保持相对静止。

静摩擦力的方向

静摩擦力的方向总是沿着接触面，但当接触面是曲面时，跟接触面相切，并且跟物体相对运动趋势方向相反。所谓的相对，是以施加摩擦力的施力物体为参考系的。

最大静摩擦

　　静摩擦力存在最大值，一般称为最大静摩擦。它等于刚好使物体运动时所需要的最小外力。静摩擦力的大小不是一个定值，它会随着实际情况改变，大小在零与最大静摩擦力之间。

静滑动摩擦定律

　　最大静摩擦力的取值满足摩擦定律：临界平衡状态时，静摩擦力达到最大值，其大小与两物体间的法向反力成正比，其方向与物体的滑动趋势方向相反。

滑动摩擦

当一个物体在另一物体表面上滑动时，在两物体接触面上产生的阻碍它们之间相对滑动的现象，称为滑动摩擦，而阻碍它们相对滑动的力称为滑动摩擦力。

滑动摩擦力的产生条件

滑动摩擦力的产生条件有三个，首先两物体接触面是粗糙的，然后两个物体互相间要有挤压，最重要的是物体间有相对运动或有相对滑动趋势。

滑动摩擦力数学表达式

滑动摩擦力的大小在不同情况下有所不同。当接触面的粗糙程度相同的时候，滑动摩擦力的大小 f 和正压力 F 成正比：$f=\mu F_N$，μ 为动摩擦因数。

动摩擦因数

动摩擦因数是彼此接触的物体做相对运动时摩擦力和正压力的比值。不同材质的物体动摩擦因数不同，物体越粗糙，动摩擦因数越大。它是物体本身的属性，只与物体本身有关。

相对滑动速度

动摩擦因数除了与接触表面的物理性质有关外，还与物体的相对滑动速度有关，一般速度增大，动摩擦因数将略微减小，且趋于一个极限值，而在工程应用中常把动摩擦因数作为常数。

我会根据不同物体的属性变换大小，而且物体表面越粗糙，我就会越"强大"哦！

滚动摩擦力

一个物体在另一个物体表面做无滑动的滚动或者有滚动的趋势时，由于两个物体在接触部分受压发生形变而产生的对滚动的阻碍作用，就是滚动摩擦。它的实质是静摩擦力。

飞速驶过的汽车在行驶的时候，它的轮胎和地面之间的摩擦就属于滚动摩擦哦！

滑动摩擦力大小

物体所受压力相同的情况下，接触面越粗糙，滑动摩擦力越大。另外，滑动摩擦力一般要比最大静摩擦略小，通常的计算中滑动摩擦力约等于最大静摩擦。

产生情况

物体的滚动情况实际上与接触面有很大的关系，滚动物体在接触面上滚动或者有滚动的趋势时，物体和接触面都有可能发生形变。

滚动摩擦形变情况

形变可以分为接触面形变而滚动物体不发生形变、接触面不发生形变而滚动物体发生形变、接触面和滚动物体都不发生形变以及接触面和滚动物体都发生形变四种情况。

滚动摩擦力大小

发生滚动摩擦的时候，接触面越软，形状变化越大，那么滚动摩擦力就越大。但是一般情况下，物体之间的滚动摩擦要远小于滑动摩擦力。

有害摩擦

　　两个相互接触的物体，当它们要发生或者已经发生相对运动时，在接触面上会产生摩擦，如果这种摩擦会使其中任意物体磨损，并且是不利磨损的时候，这种摩擦就称为有害摩擦。

减小有害摩擦的方式

为了更好地保护物体，人们可以用滚动摩擦代替滑动摩擦，或者使接触面分离，减小压力以及减小物体接触面粗糙程度等方式来减小有害摩擦。

有益摩擦

两个相互接触的物体，当它们要发生或者已经发生相对运动时，在接触面上会产生摩擦，如果这种摩擦对人类有益，那么这种摩擦就称为有益摩擦。比如握住东西时的静摩擦，走路时对地面的摩擦等。

增加有益摩擦的方式

人们可以通过增大接触面粗糙程度，增大压力以及化滚动摩擦为滑动摩擦等方式来增加有益摩擦，比如搓手取暖以及在鞋底刻上花纹防滑等。

如果你的鞋底是光滑的，那么雪天的时候你就会"出溜"一下滑很远，很容易摔倒哦！

阅读大视野

人们常常用润滑油来减小器件之间的摩擦。因为润滑剂或者润滑油能够牢固地附在器件的摩擦面上，形成一种油膜，两个摩擦面因此隔开，使机件间的摩擦变为润滑剂本身分子间的摩擦，从而起到减少器件间的摩擦和磨损的作用。

浮力

木头能够在水中漂浮，轮船能够在大海上航行，氦气球可以在空中慢悠悠地飞行，这些景象都是因为什么才能出现呢？接下来让我们一起走进浮力的世界吧！

浮力定义

浸在流体内的物体会受到流体竖直向上托起的作用力，这种力叫作浮力，方向与重力方向相反，竖直向上。它是因为浸在液体或者气体里的物体受到液体或者气体对物体向上的和向下的压力差才产生的。

你会游泳吗？就是因为我，你才能够像鱼儿一样在水中畅快地游来游去呢！

影响因素

浮力与物体浸入液体中的体积和液体的密度有关。但是它与物体在液体中的深度、物体的形状、质量、密度、运动状态等因素无关。

浮心

浮心是指浮体或者潜体水下部分体积的形心。当浮体方位在铅直面内发生偏转时，它水下部分的体积虽然保持不变，但是它的形状会发生变化，因而浮心的位置也相应地移动。浮心和重心的相对位置对于判断浮体是否稳定平衡有重要意义。

浮力的实际应用

测量物体密度的仪器是密度计。密度计是利用物体浮在液面的条件来工作的，用密度计测量液体的密度时，它受到的浮力总等于它的重力，因此在不同液体中漂浮时它受到的浮力都相同，可以据此来测量物体密度。

压强

物体所受压力的大小与受力面积的比值叫作压强，它是用来表示物体单位面积上所受到压力大小的物理量。通常情况下，压强越大，压力的作用效果越明显。

计算公式

压强的计算公式是：$p=F/S$，其中p代表压强，F代表垂直作用力，也就是压力，S则代表受力面积。压强的单位是帕斯卡，简称帕，符号是Pa。

压力和压强

压力和压强是截然不同的两个概念。压力是支持面上所受到垂直于支持面的作用力，跟支持面面积和受力面积大小无关。而压强是物体单位面积受到的压力，跟受力面积和压力大小有关。

压力和压强的区别

压力、压强的单位是有区别的。压力的单位是牛顿，跟一般力的单位是相同的。压强的单位是牛顿/平方米，是一个复合单位，由力的单位和面积的单位组成。

当你在使劲儿的时候，我可是起到了一个很关键的作用哦！

影响因素

压力作用的效果与压力的大小和受力面积都有关系。当受力面积一定的时候，压力越大，压力作用的效果就会越明显。当压力一定的时候，受力面积越小，压力作用的效果就会越明显。

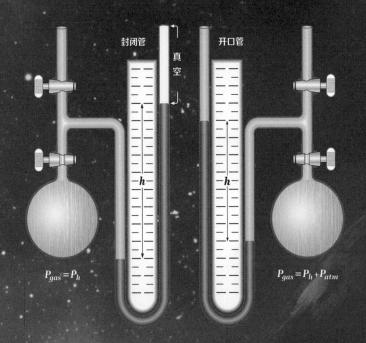

封闭管　开口管

真空

h

h

$P_{gas}=P_h$　　　　$P_{gas}=P_h+P_{atm}$

物理意义

　　压强的单位是Pa，1Pa是指 1平方米的面积上受到的压力是 1N。而1Pa大小约等于一张平铺 的报纸对水平桌面的压强，或者3 粒芝麻对水平桌面的压强。

液体的压强

　　液体压强简称液压，是指在液体容器底、 内壁、内部中，由液体本身的重力而形成的压 强。加在封闭液体上的压强能够大小不变地被 液体向各个方向传递。

液体压强特点

　　液体内部向各个方向都有压强，压强随着液体深度的增加而增大，同种液体在同一深度的各处， 各个方向的压强大小相等。不同的液体，在同一深度产生的压强大小与液体的密度有关，密度越大， 液体的压强越大。

液体压强公式

　　液体压强的计算公式是 $p=\rho gh$，其中 p 代表液体的压强，ρ 代表液体的密度，h 代表深度，由此可知，液体压强的大小只取决于液体的种类和深度，而和液体的质量、体积没有直接的关系。

大气压

由于空气受到重力作用，且空气具有流动性，因此空气内部向各个方向都有压强，这个压强就叫大气压强。当我们用力吸吸管的时候，吸管内压强减小，饮料就在大气压的作用下被压进吸管，从而喝到饮料。

大气压的影响因素

　　大气压强和温度、密度以及海拔高度等因素有关。温度越高时，空气分子的运动越强烈，压强就越大。密度越大的时候，单位体积内空气的质量越大，压强就越大。海拔高度越高的时候，空气就越稀薄，大气压强就越小。

阅读大视野

　　我国河北省的赵州桥是拱券结构的典型建筑。拱券结构是古代工匠的一种创举，是力学平衡原理最成功的结构。当人站在桥顶时，人对桥的压力和桥顶楔形块受到的重力被相邻的楔形块的压力平衡，而其重力被右侧的楔形块的压力平衡。

力的平衡

在力学系统里，平衡是指惯性参照系内，物体受到几个力的作用，仍保持静止状态，或者匀速直线运动状态，或者绕轴匀速转动的状态，简称物体的"平衡"。

平衡状态

一个物体在受到两个力作用时，如果能保持静止或者匀速直线运动，我们就说物体处于平衡状态。使物体处于平衡状态的两个力叫作平衡力。

平衡力的满足条件

如果作用在同一个物体上面的两个力，它们大小相等、方向相反，并且作用在同一条直线上，那么我们就可以认为这两个力彼此平衡。

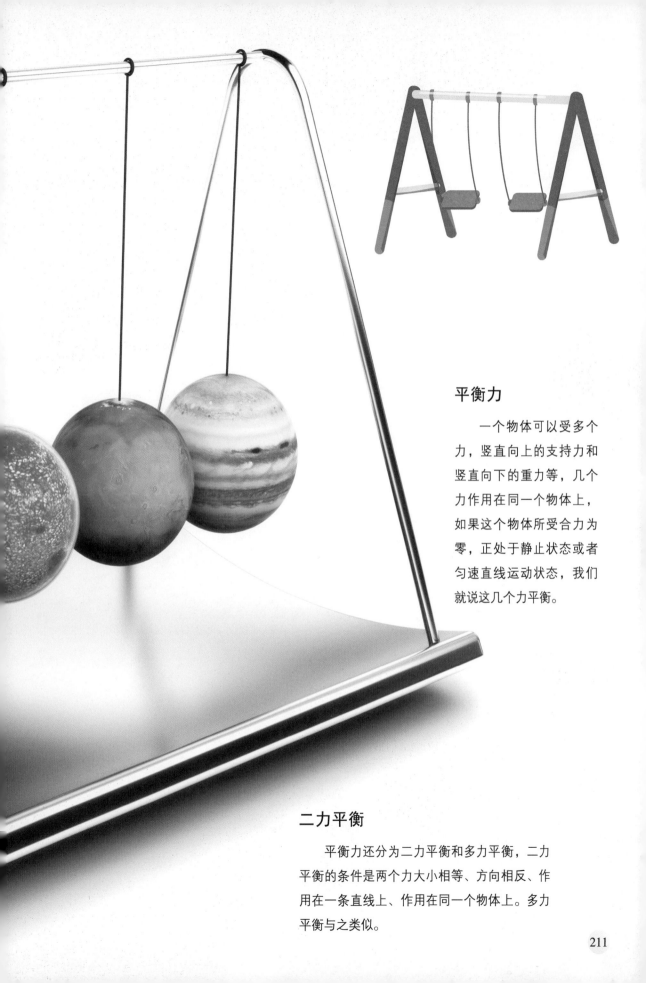

平衡力

　　一个物体可以受多个力，竖直向上的支持力和竖直向下的重力等，几个力作用在同一个物体上，如果这个物体所受合力为零，正处于静止状态或者匀速直线运动状态，我们就说这几个力平衡。

二力平衡

　　平衡力还分为二力平衡和多力平衡，二力平衡的条件是两个力大小相等、方向相反、作用在一条直线上、作用在同一个物体上。多力平衡与之类似。

作用力

　　力是物体对物体的作用，有力就会有施力物体和受力物体。两个物体之间通过不同的形式发生相互作用如吸引、相对运动、形变等而产生的力就是作用力。

反作用力

　　反作用力是与"作用力"相对的力，在力学中，力总是成对出现的，与其中一个力对应的大小相等、方向相反的力就是反作用力。

相互作用力

力的作用是相互的。只要一个物体对另一个物体施加了力，受力物体反过来也肯定会给施力物体施加一个力。一对相互作用力必然是同时产生，同时消失的。它们大小相等、方向相反、作用在不同物体上。

阅读大视野

人类很早之前就发现了作用力与反作用力的关系。比如，我国先秦时代的墨子学派就曾经说过，"船夫用竹篙钩岸上的木桩，木桩能反过来拽着船靠岸"。

力学定律

　　就像牛顿力学以牛顿运动定律和万有引力定律为基础一样，力学中各种各样的定律为力学的研究奠定了基础，那么我们需要知道的最基本的力学定律都有哪些呢？

牛顿第一定律

　　牛顿力学属于经典力学范畴，是以质点作为研究对象，着眼于力的作用关系。在处理质点系统问题时，强调分别考虑各个质点所受的力，然后来推断整个质点系统的运动状态。

牛顿力学

牛顿力学认为质量和能量各自独立存在，且各自守恒。它只适用于物体运动的惯性参照系。牛顿力学较多采用直观的几何方法，在解决简单的力学问题时，比分析力学方便简单。

牛顿第一定律内容

牛顿第一定律的内容是一切物体在没有受到力或合力为零的作用时，总保持静止状态或匀速直线运动状态。它又被称为惯性定律。

牛顿第一定律的适用条件

牛顿第一定律并不是在所有的参照系里都成立，实际上它只在惯性参照系里才成立。因此常常把牛顿第一定律是否成立，作为一个参照系是否是惯性参照系的判据。

牛顿第二定律

牛顿第二定律的内容是物体在受到合外力的作用会产生加速度，加速度的方向和合外力的方向相同，加速度的大小与合外力的大小成正比，与物体的质量成反比。

纸带　接电源

牛顿第二定律公式

牛顿第二定律的公式为 $F=ma$，F为合外力。牛顿第二定律定量描述了力作用的效果，定量地量度了物体的惯性大小。它是矢量式，并且是瞬时关系。

我只适合用在宏观物体的低速运动上，这两个条件有一个不满足，我就不会出现哦！

注意事项

要强调的是，物体受到的合外力不为零，会产生加速度，使物体的运动状态或者速度发生改变，但是这种改变是和物体本身的运动状态有关的。

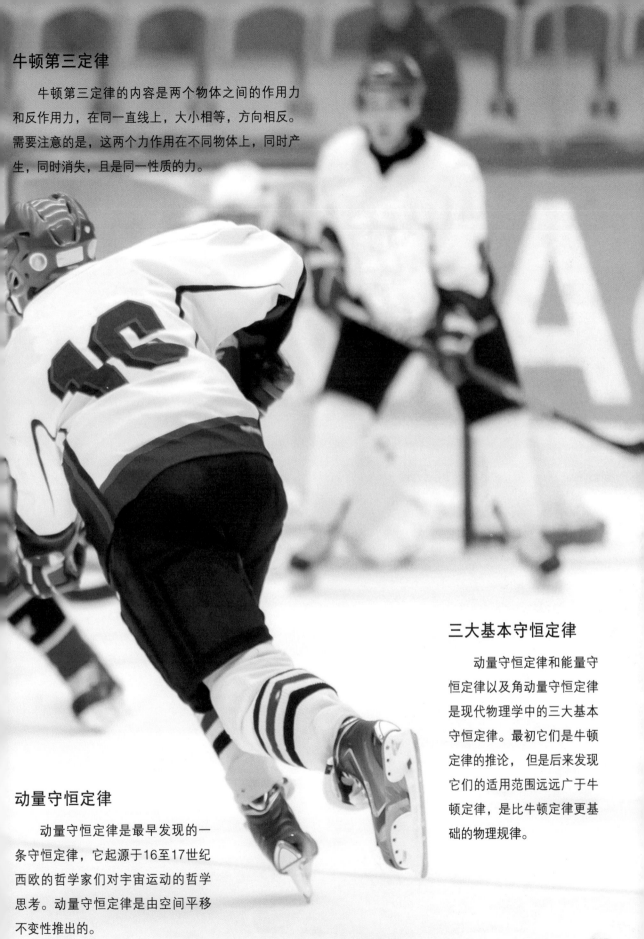

牛顿第三定律

　　牛顿第三定律的内容是两个物体之间的作用力和反作用力，在同一直线上，大小相等，方向相反。需要注意的是，这两个力作用在不同物体上，同时产生，同时消失，且是同一性质的力。

三大基本守恒定律

　　动量守恒定律和能量守恒定律以及角动量守恒定律是现代物理学中的三大基本守恒定律。最初它们是牛顿定律的推论，但是后来发现它们的适用范围远远广于牛顿定律，是比牛顿定律更基础的物理规律。

动量守恒定律

　　动量守恒定律是最早发现的一条守恒定律，它起源于16至17世纪西欧的哲学家们对宇宙运动的哲学思考。动量守恒定律是由空间平移不变性推出的。

动量守恒定律的内容

　　一个系统不受外力或者所受外力之和为零，这个系统的总动量保持不变，这个结论叫作动量守恒定律。它是自然界中最重要、最普遍的客观规律之一，可以用牛顿第三定律结合动量定理推导出来。

我在物理界的重要性众所周知，少了我，很多实验都没法完成啊！

适用范围

　　动量守恒定律不仅适用于两个物体组成的系统，也适用于多个物体组成的系统。不仅适用于宏观物体组成的系统，也适用于微观粒子组成的系统。无论内力是什么性质的力，只要满足守恒条件，动量守恒定律总是适用的。

适用条件

　　当系统不受外力或者所受合外力为零，系统所受合外力虽然不为零，但是系统的内力远大于外力，如发生碰撞、爆炸等现象时，系统的动量可以看成近似守恒。

弹性碰撞

　　弹性碰撞前后系统的总动能不变，对两个物体组成的系统的正碰情况满足动量守恒和动能守恒。非弹性碰撞的两个物体满足动量守恒，但是动能不守恒。完全非弹性碰撞动能损失最大，动量守恒。

碰撞守恒

碰撞是指物体间相互作用时间极短，而相互作用力很大的现象。在碰撞过程中，系统内物体相互作用的内力一般远大于外力，因此碰撞中的动量守恒，按碰撞前后物体的动量是否在一条直线区分，有正碰和斜碰之分。

反冲

系统在内力作用之下，当一部分向某一个方向的动量发生变化的时候，剩余部分会沿相反方向的动量发生同样大小变化的现象叫作反冲。

火箭发射的时候会喷出一阵气流，凭借这些气流的反冲作用，它就能获得巨大的速度，成功飞向宇宙哦！

能量守恒定律

能量守恒定律是自然界普遍的基本定律之一，一般表述为能量既不会凭空产生，也不会凭空消失，它只会从一种形式转化为另一种形式，或者从一个物体转移到其他物体，而能量的总量保持不变。

能量定义

　　能量是物质运动转换的量度，简称"能"。它是物质所具有的基本物理属性之一，是物质运动的统一量度。能量以多种不同的形式存在，如机械能、化学能、热能、电能等。这些不同形式的能量之间可以通过物理效应或者化学反应而相互转化。

角动量守恒定律的重要性

　　角动量守恒定律是物理学的普遍定律之一，它反映了质点和质点系围绕一点或者一轴运动的普遍规律，也反映了不受外力作用或者所受诸外力对某定点的合力矩始终等于零的普遍规律。

万有引力定律

　　万有引力定律是艾萨克·牛顿在1687年于《自然哲学的数学原理》上发表的。牛顿的普适万有引力定律表示如下：任意两个质点由通过连心线方向上的力相互吸引。该引力大小与它们质量的乘积成正比，与它们距离的平方成反比，与两物体的化学组成和其间介质种类无关。

万有引力公式

　　万有引力的公式为$F=\dfrac{GMm}{r^2}$，其中F表示两个物体之间的引力，G是万有引力常量，M表示其中一个物体的质量，m表示另外一个物体的质量，而r表示两个物体之间的距离。

万有引力常量

　　牛顿在推出万有引力定律的时候，并没有得出万有引力常量G的具体值。万有引力常量公认的结果是1789年由卡文迪许利用他所发明的扭秤得出的，数值为$6.754\times10^{-11}\mathrm{N\cdot m^2/kg^2}$，通常取$6.67\times10^{-11}\mathrm{N\cdot m^2/kg^2}$。

万有引力的意义

万有引力定律的发现是17世纪自然科学最伟大的成果之一。它把地面上物体运动的规律和天体运动的规律统一起来，对后来的物理学和天文学的发展产生了深远的影响。

万有引力实际应用

万有引力为实际的天文观测提供了一套计算方法，人们可以只凭少数观测资料，计算出长周期运行的天体运动轨道，科学史上哈雷彗星、海王星、冥王星的发现，都是应用万有引力定律取得重大成就的例子。

开普勒定律

开普勒定律是德国天文学家开普勒提出的关于行星运动的三大定律。第一定律和第二定律发表于1609年，是开普勒从天文学家第谷观测火星位置所得资料中总结出来的。第三定律于1619年发表。

开普勒第一定律

开普勒第一定律，也称椭圆定律、轨道定律、行星定律。它是开普勒在《宇宙和谐论》发表的表述：每一个行星都沿各自的椭圆轨道环绕太阳，而太阳则处在椭圆的一个焦点中。

开普勒第二定律

开普勒行星运动第二定律，也称等面积定律。开普勒在《新天文学》中的原始表述是在相等时间内，太阳和运动着的行星的连线所扫过的面积都是相等的。而常见表述为中心天体与环绕天体的连线在相等的时间内扫过相等的面积。

> 我有很多很多妙用，只要你仔细研究，一切二体问题都不是什么难事！

开普勒第二定律应用领域

开普勒第二定律，或者是用几何语言，或者是用方程，可以将行星的坐标及时间跟轨道参数相连结。而在研究天体的运动中，可以利用它和另外两大定律预测天体的运行轨道、运动速度、旋转周期，从而预测某一时刻天体在空间中的位置，能够应用到天体探测、卫星发射等领域。

开普勒第二定律的重要性

开普勒第二定律是对行星运动轨道更加准确的描述，它为哥白尼的日心说提供了有力的证据，而且为牛顿后来的万有引力证明提供了论据，和其他两条开普勒定律共同奠定了经典天文学的基石。

开普勒第三定律

开普勒第三定律也叫行星运动定律。开普勒第三定律的常见表述是：绕以太阳为焦点的椭圆轨道运行的所有行星，其各自椭圆轨道半长轴的立方与周期的平方之比是一个常量。

开普勒第三定律表达式

开普勒第三定律表达式为 $\frac{a^3}{T^2}=k$，其中 a 表示轨道的半长轴，T 表示公转周期，k 是开普勒常数，可以用 $k=\frac{GM}{4\pi^2}$ 求得，它是只与绕星体有关的常量。

我的每一个字母你都要记得清清楚楚，不然你就只能感叹"书到用时方恨少"啦！

开普勒定律适用范围

开普勒定律是一个普适定律，适用于一切二体问题。开普勒定律不仅适用于太阳系，他对具有中心天体的引力系统，如行星-卫星系统和双星系统都成立。

实际应用

开普勒第三定律在天体运行中的应用很多。可以通过测出行星的绕转周期以及半长轴，算出双星的质量及估计中心天体的质量。

星箭椭圆运动周期

可以通过两个绕同一中心天体运动的行星的公转周期，算出这两个行星各自到中心天体的平均距离。而在星箭分离问题中，通过星箭椭圆运动周期之比，可以计算星箭运动轨迹半长轴之比。

电学应用

　　开普勒第三定律也同样适用于部分电荷在点电场中运动的情况。因为库仑力与万有引力均遵循"平方反比"规律，通过类比可知，带电粒子在电场中的椭圆运动也遵循开普勒第三定律。

胡克定律公式

　　胡克定律是胡克在1678年提出的，表达式为$F=kx$，其中k是常数，是物体的劲度系数，又称弹性系数，单位是牛/米。F是弹力大小，单位是牛顿。x是形变量，单位是米。k的劲度系数在数值上等于弹簧伸长或者缩短单位长度时的弹力。

　　胡克定律又称为虎克定律，它是力学弹性理论中的一条基本定律，常见的表述是固体材料受力之后，材料中的应力与应变之间成线性关系。而满足胡克定律的材料称为线弹性或者胡克型材料。

　　我是小k，在好多物理公式中你都能看见我，快来说一说你知道的我都代表什么含义吧！

定律影响

　　胡克的发现直接导致了弹簧测力计这种测量力的基本工具诞生，并且一直到现代，弹簧测力计仍然在物理实验室中得到广泛应用，为人们的测量提供了帮助。

阅读大视野

　　英国物理学家罗伯特·胡克提出了胡克定律，他提出这个定律的过程充满了趣味性。胡克于1676年发表了一句拉丁语字谜，谜面是：ceiiinossssttuv。两年后他公布了谜底是：ut tensio sic vis，意思是"力如伸长（那样变化）"，而这正是胡克定律的中心内容。

力学实验

人们运用各种力学实验来验证力学中各种物质运动规律，而这些力学实验也为力学定律等的发现提供了不可忽视的重要作用，让我们一起动手来做做力学实验吧！

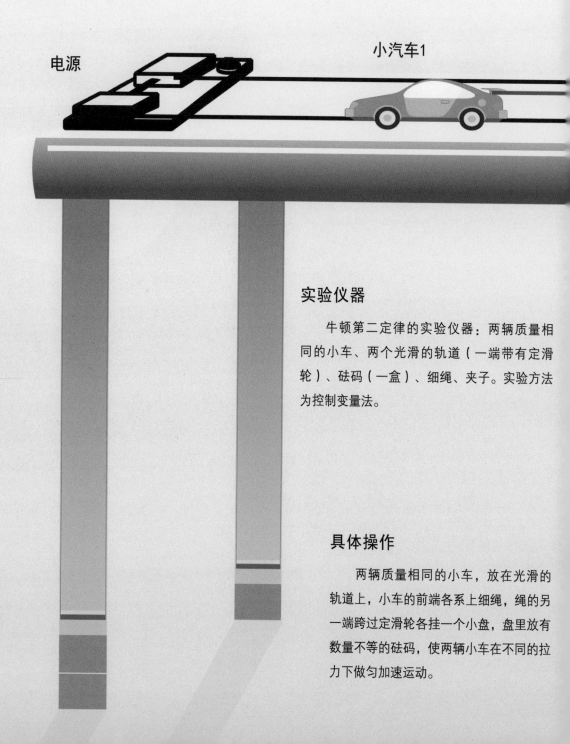

电源

小汽车1

实验仪器

牛顿第二定律的实验仪器：两辆质量相同的小车、两个光滑的轨道（一端带有定滑轮）、砝码（一盒）、细绳、夹子。实验方法为控制变量法。

具体操作

两辆质量相同的小车，放在光滑的轨道上，小车的前端各系上细绳，绳的另一端跨过定滑轮各挂一个小盘，盘里放有数量不等的砝码，使两辆小车在不同的拉力下做匀加速运动。

实验说明

（1）砝码和小车相比质量较小，细绳对小车的拉力近似地等于砝码所受的重力。

（2）用一只夹子夹住两根细绳，以同时控制两辆小车。

实验做法

（1）在两砝码盘中放不同数量的砝码，以使两小车所受的拉力不同。

（2）打开夹子，让两辆小车同时从静止开始运动，一段时间后关上夹子，让它们同时停下来。

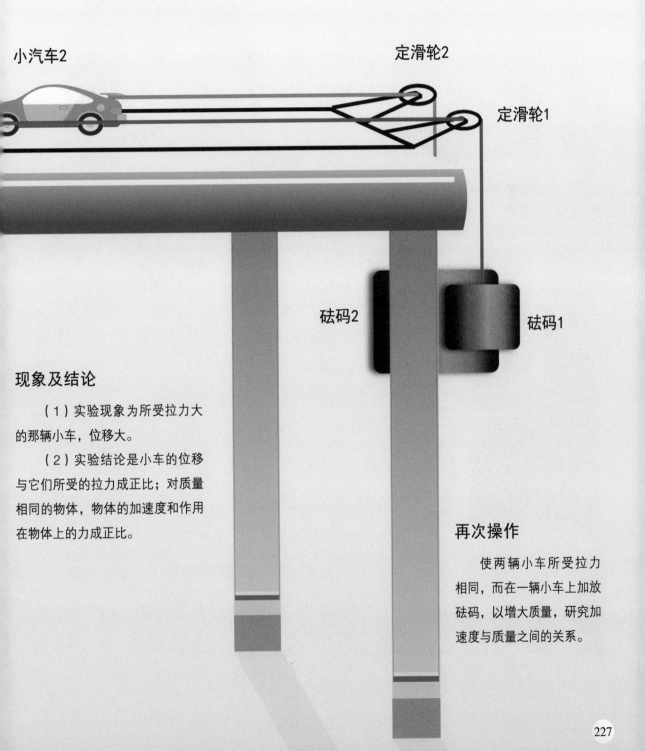

小汽车2

定滑轮2

定滑轮1

砝码2

砝码1

现象及结论

（1）实验现象为所受拉力大的那辆小车，位移大。

（2）实验结论是小车的位移与它们所受的拉力成正比；对质量相同的物体，物体的加速度和作用在物体上的力成正比。

再次操作

使两辆小车所受拉力相同，而在一辆小车上加放砝码，以增大质量，研究加速度与质量之间的关系。

实验现象

在相同的时间里，质量小的那辆小车的位移大；在相同的力的作用下，物体的加速度和物体的质量成反比。

228

测量液体密度的实验仪器

　　测量液体的密度，实验器材包括盐水、大烧杯、小烧杯、量筒和托盘天平。实验原理是 $\rho=\dfrac{m}{V}$。

液体密度实验的目的

　　能够学会正确使用天平和量筒，同时能够掌握测量液体密度的方法。

液体密度的实验步骤

（1）把天平放在水平台面上，游码归0，调节平衡螺母使天平平衡。

（2）在烧杯中放适量盐水，放在天平的左盘，在右盘按照从大到小的顺序加减砝码，并移动游码，使天平平衡，记下烧杯和盐水的质量 M。

（3）将烧杯中的盐水倒入量筒中一部分，记下量筒中盐水的体积 V。

（4）再次将天平调平衡，将烧杯和杯中剩余盐水放在天平的左盘，在右盘按照从大到小的顺序加减砝码，并移动游码，使天平平衡，记下烧杯和杯内剩余盐水的质量 m。

注意事项

（1）实验中如果先测量空烧杯的质量，再测量烧杯和盐水总质量，最后测量盐水体积，容易导致测量结果偏大，因为将烧杯中的盐水倒入量筒中的时候倒不干净，测得的体积偏小。

（2）量筒读数的时候视线要平视。

一定要记住这些注意事项，千万不要粗心大意，不然实验就白做啦！

液体密度的实验结论

根据$\rho = \dfrac{m}{V} = \dfrac{M-m}{V}$求出液体的密度。

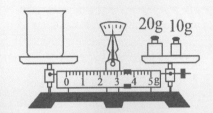

测量滑动摩擦力影响因素的实验仪器

　　准备长直木板一块，弹簧测力计一个，长方体木块（带挂钩）一块，钩码一盒，棉布一块，毛巾一块。

滑动摩擦力的实验目的

　　认识滑动摩擦力，知道滑动摩擦力的大小和哪些因素有关。

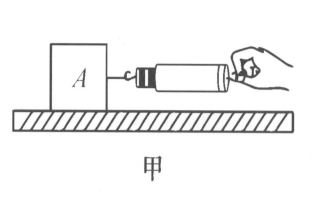

甲

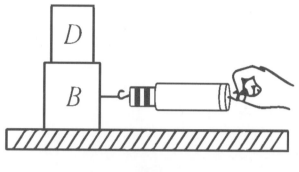

乙

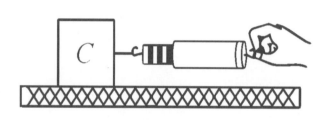

丙

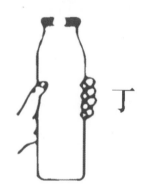

丁

实验步骤

　　（1）检查器材是否齐全。

　　（2）观察弹簧测力计量程和最小刻度值，校正弹簧测力计零点。拉力沿弹簧的中心轴线方向施加在弹簧测力计上。观察指针示数视线要与刻度线垂直。

　　（3）用弹簧测力计匀速拉动木块，使它沿着水平长直木板滑动，从而测出木块与长木板之间的滑动摩擦力。

　　（4）改变放在木块上的钩码，从而改变木块对长木板的压力，测出此种情况下的滑动摩擦力。

　　（5）在长木板上铺上棉布或者毛巾，保持木块上的钩码不变，测出此种情况下的滑动摩擦力。

实验结论

　　（1）摩擦力的大小与压力有关，压力越大，摩擦力越大。

　　（2）摩擦力的大小与接触面的粗糙程度有关，接触面越粗糙，摩擦力越大。

阅读大视野

　　物理中有趣的实验有很多，而且并不需要太多的实验器材，只利用我们生活中的用具就好，比如著名的纸片托水实验。我们先往玻璃杯中倒满凉水，确保水面略高于杯口。然后将白纸盖住杯口，并让水充分浸湿纸片，避免杯口与纸片之间有空隙。将杯口朝下倒立，会发现纸片仿佛被吸在杯口，纹丝不动，水也不会漏出来。